JN016542

❖ 不思議で奇麗な石の本 ❖

花束の石 プルーム・アゲート

山田英春

創元社

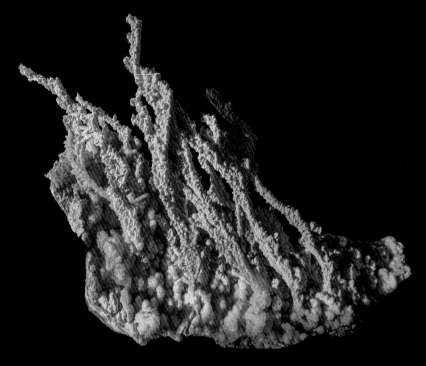

001. フェザー・リッジ・プルーム・アゲート（原石）
Feather Ridge Plume Agate,
Graveyard Point, Malheur Co.,
Oregon, USA

Philip Stephenson collection

C o n t e n t s

❖

はじめに

プルーム・アゲートの世界

Introduction

　メノウ（アゲート）の塊をカットすると、鳥の羽根のような、または花のような色形が現れるものがある。北米の宝石加工の世界では、これをプルーム（羽毛・羽飾り）・アゲートと呼んできたが、この名称は現在世界的に使われるようになっている。

　メノウはシリカ（二酸化ケイ素）の結晶＝石英の一種だ。石英の大きな結晶は水晶と呼ばれ、石英の目に見えない微小な繊維状の結晶が集合したものはカルセドニー（玉髄）と呼ばれる。カルセドニーはほぼ無色だが、岩の空隙などに熱水が入り、カルセドニーの結晶ができていく過程で、競合してオパールや金属鉱物などのさまざまな鉱物の析出がしばしば起こる。これによって濃淡のある層状の構造など複雑な形が生まれ、さらにこれが外部から染み入る鉄分や、鉄を含む内包鉱物の酸化により、赤や黄などさまざまに色づいて美麗な姿になったものが、宝石の世界でメノウ（アゲート）と呼ばれてきた。

　プルーム・アゲートもまた、こうした過程で生まれた羽毛・花のような形を含むカルセドニーの塊だ。無色（白）のものもあれば、カラフルに染まったものもある。2頁の001の原石の写真を見れば、プルームの部分がどのような立体構造をしているのかがよくわかるが、ほとんどのプルーム・アゲートはこうした形の周囲がさらに玉髄に覆われ、団塊、板状になっている。本書に掲載している写真はそうした塊をカットしたときに現れる断面の姿だ。

　北米では20世紀半ばにメノウやジャスパーなどの半貴石を使ったアクセサリー作りの趣味が盛んになった。小さな羽根や花のような形の入ったメノウはアクセサリーに最適で、オレゴン州やテキサス州などで美しいプルーム・アゲートの産地が次々に探索、採掘されてきた。

　本書は産地が最も多く開拓されてきた北米を中心に、中南米、アフリカ、ヨーロッパ、さらに近年新しい産地が次々とみつかっている中国やインドネシア、また、かつて非常に多くの産出量を誇った北海道の「花の石」の産地など、世界各地の美しいプルーム・アゲートを紹介する。

掲載写真はごく小さなサイズのものを拡大表示しているものも多いが、オリジナルの寸法のわかるものについては表示している。寸法の表示は横×縦に統一している。標本の全体が掲載されていないものについては、表示されている部分の寸法を記している。市場でよく使われている呼称があるものについてはその名を記し、他は単に「プルーム・アゲート」としている。

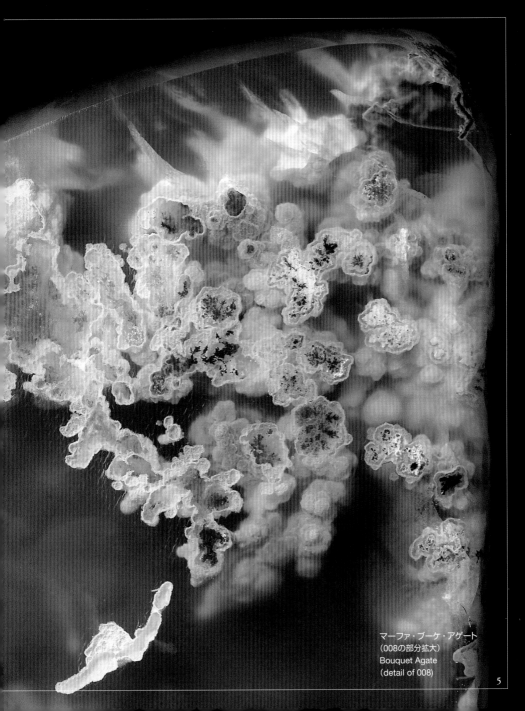

マーファ・ブーケ・アゲート
（008の部分拡大）
Bouquet Agate
(detail of 008)

北米のプルーム・アゲート

米国ではさまざまなタイプのプルーム・アゲートがとれ、
石の中の「花」が、ブローチなどのアクセサリーなどに加工されてきた。
カラフルな「花束のメノウ」がとれるテキサス州、産出量が最も多いオレゴン州、
強烈な印象のデス・バレーのプルームが有名なカリフォルニア州などを中心に紹介する。

002. 左からマーファ・プルーム・アゲート（14頁）
デイヴィス・マウンテン・プルーム・アゲート（18頁）、
キャディー・マウンテン・プルーム・アゲート（51頁）
from left to right, Marfa Plume Agate (p.14),
Davis Mountain Plume Agate (p.18), Cady Mountain Plume Agate (p.51)

003. プライデー・プルーム・アゲート
（約500%に拡大）
Priday Ranch (Richardson Ranch),
Madras, Jefferson Co., Oregon, USA

Texas
テキサス

テキサス州には美しいメノウの産地が数多くある。

約3千-6千万年前の現ビッグ・ベンド地域の火山活動が

さまざまなタイプの石英系の石を生み出してきた。

プルーム・アゲートは、南西部のメキシコとの国境近くで多くとれる。

細かいプルームがメノウの中にランダムに散っているものが多く、

なかでも、ブーケ・アゲートと呼ばれるタイプは、その名の通り、

石の中に花束が入っているかのような、カラフルな姿を見せる。

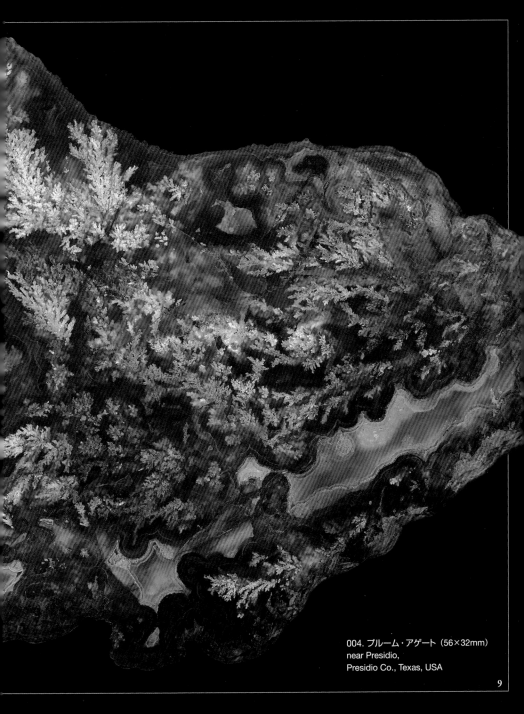

004. プルーム・アゲート（56×32mm）
near Presidio,
Presidio Co., Texas, USA

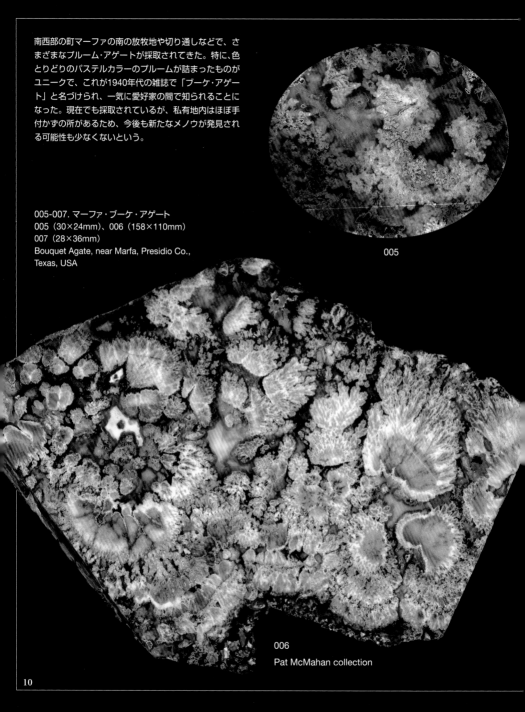

南西部の町マーファの南の放牧地や切り通しなどで、さ
まざまなプルーム・アゲートが採取されてきた。特に、色
とりどりのパステルカラーのプルームが詰まったものが
ユニークで、これが1940年代の雑誌で「ブーケ・アゲー
ト」と名づけられ、一気に愛好家の間で知られることに
なった。現在でも採取されているが、私有地内はほぼ手
付かずの所があるため、今後も新たなメノウが発見され
る可能性も少なくないという。

005-007. マーファ・ブーケ・アゲート
005（30×24mm）、006（158×110mm）
007（28×36mm）
Bouquet Agate, near Marfa, Presidio Co.,
Texas, USA

005

006

Pat McMahan collection

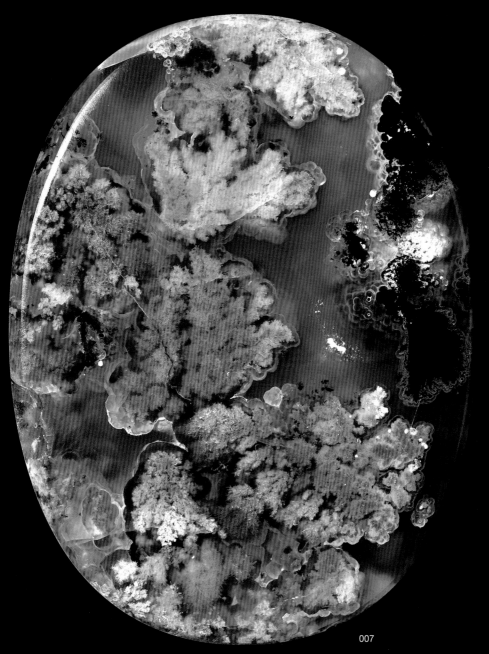

008, 009. マーファ・ブーケ・アゲート
008（55×38mm）、009（110×74mm）
Bouquet Agate, near Marfa, Presidio Co.,
Texas, USA

008

009

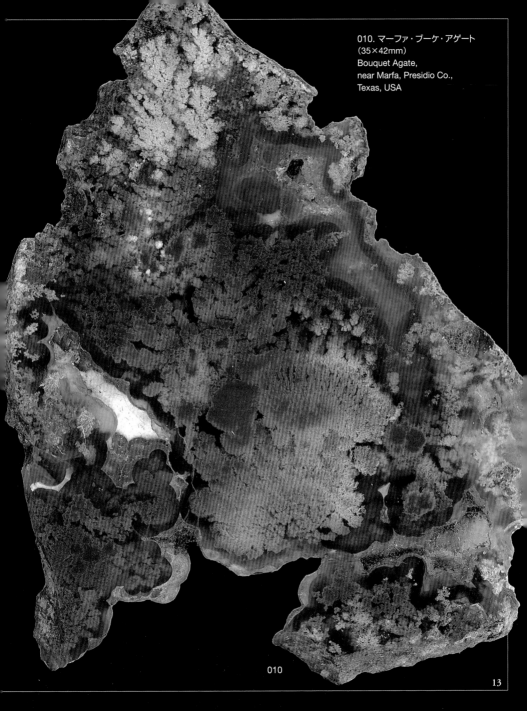

010. マーファ・ブーケ・アゲート
（35×42mm）
Bouquet Agate,
near Marfa, Presidio Co.,
Texas, USA

010

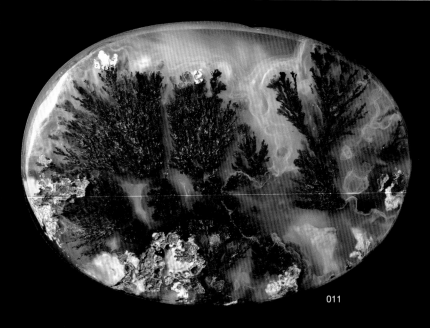

011

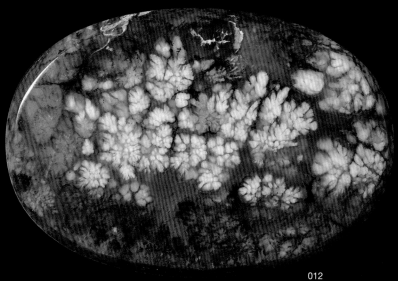

012

011, 012. マーファ・プルーム・アゲート
011（45×32mm）、012（43×29mm）
near Marfa, Presidio Co., Texas, USA

14

013

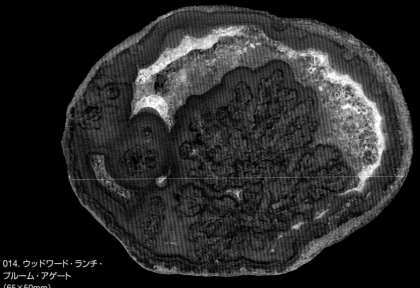

014. ウッドワード・ランチ・
ブルーム・アゲート
（65×50mm）
Woodward Ranch, south of Alpine,
Presidio Co., Texas, USA

015. アンダーソン・ランチ・
ブルーム・アゲート
（55×38mm）
Anderson Ranch, near Alpine,
Presidio Co., Texas, USA

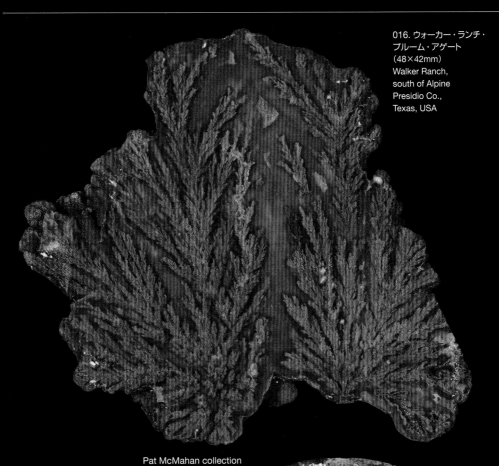

016. ウォーカー・ランチ・
プルーム・アゲート
（48×42mm）
Walker Ranch,
south of Alpine
Presidio Co.,
Texas, USA

Pat McMahan collection

テキサス南西部でもうひとつ特徴的なのは、
濃い赤と黒のプルームの入った、アルパイン
の南でとれるものだ。ウッドワード・ランチ、
ウォーカー・ランチなどで、円く扁平な「ビ
スケット」と呼ばれるナゲット状の団塊のも
のが多い。ウッドワード・ランチは料金をとっ
て一般の採掘者を受け入れるサービスを長く
行っている。

017. プルーム・アゲート（48×35mm）
South of Alpine, Presidio Co., Texas, USA

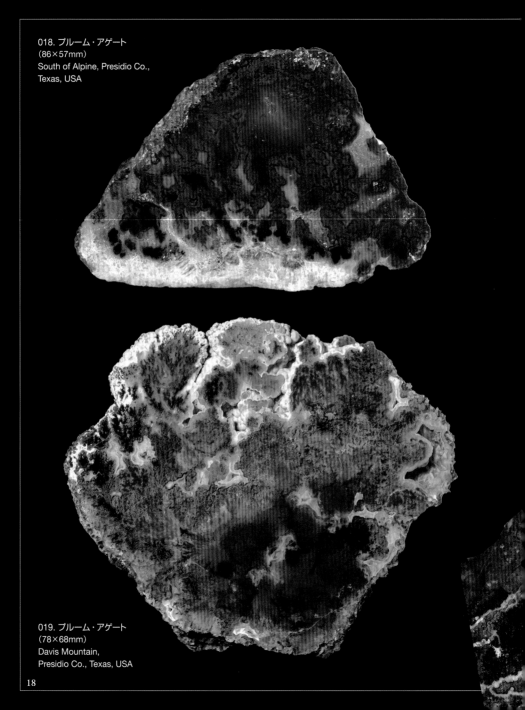

018. プルーム・アゲート
（86×57mm）
South of Alpine, Presidio Co.,
Texas, USA

019. プルーム・アゲート
（78×68mm）
Davis Mountain,
Presidio Co., Texas, USA

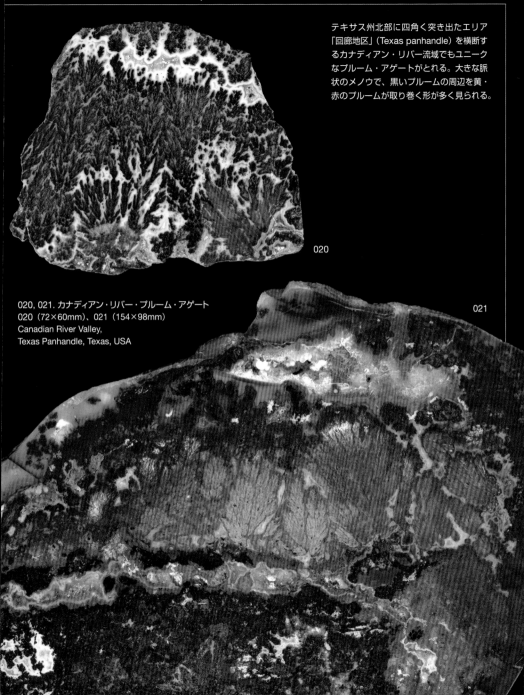

テキサス州北部に四角く突き出たエリア「回廊地区」(Texas panhandle) を横断するカナディアン・リバー流域でもユニークなプルーム・アゲートがとれる。大きな脈状のメノウで、黒いプルームの周辺を黄・赤のプルームが取り巻く形が多く見られる。

020

021

020, 021. カナディアン・リバー・プルーム・アゲート
020（72×60mm）、021（154×98mm）
Canadian River Valley,
Texas Panhandle, Texas, USA

Oregon オレゴン

オレゴン州は米国で最も火山の多い州で、その活動は約４千万年前にまで遡る。
広範囲に噴出した溶岩や火山灰の層は厚く、これらに由来するシリカの沈殿は
多種多様なメノウやジャスパーを生んでいる。
オレゴン州は州の石でもあるサンダーエッグ（流紋岩の球顆中のメノウ）が有名だが、
プルーム・アゲートもカラフルで美しいものがたくさんとれる。
最も多くの産出量を誇るグレイブヤード・ポイント地域をはじめ、
種々さまざまなタイプのプルーム・アゲートを紹介する。

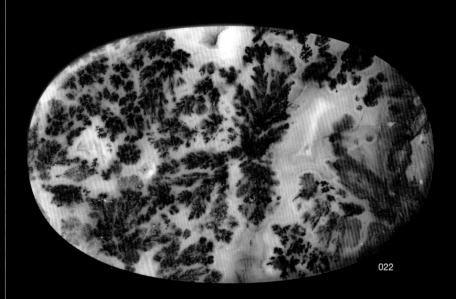

022

022. イーグル・ロック・プルーム・アゲート
（90×55mm）
Eagle Rock Plume Agate,
Prineville, Crook Co.,
Oregon, USA

023. プルーム・アゲート（96×100mm）
near Pony Butte,
Priday Ranch (Richardson Ranch),
Madras, Jefferson Co., Oregon, USA

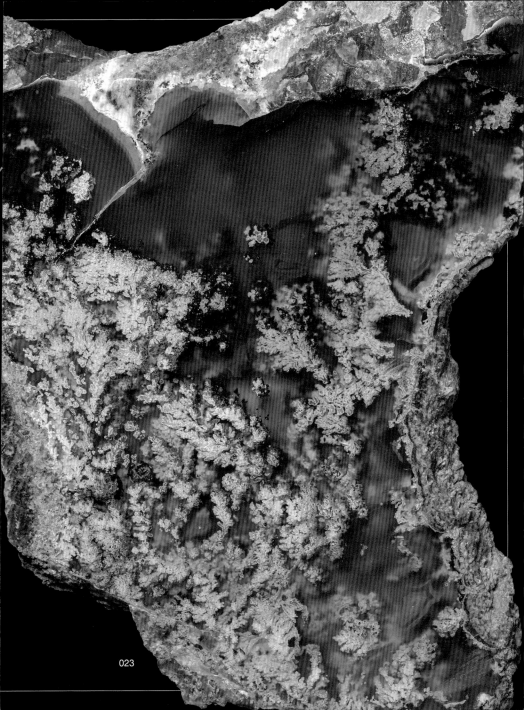

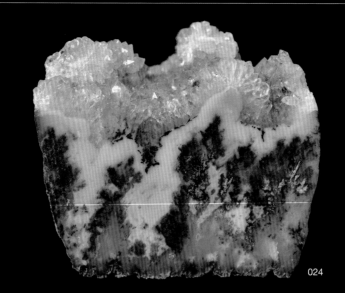

024

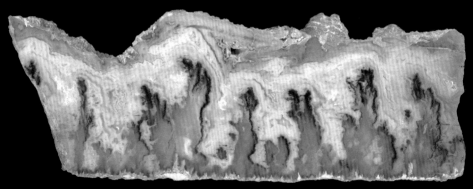

025

024, 025. グレイブヤード・ポイント・プルーム・アゲート、
024（70×60mm）、025（160×56mm）
Graveyard Point, Owyhee Canyon,
Malheur Co., Oregon, USA

　グレイブヤード・ポイント・プルーム・アゲートは、オレゴン州東部、アイダホ州境にごく近いオワイヒー渓谷域でとれる。産地がアイダホの町ホームデイルから10キロ強ほどの距離のため、ホームデイル・プルームの名でも流通している。玄武岩中の亀裂に脈状に形成されたもので、大きなもので長さ10メートル近く、厚さが50センチにおよぶものもある。産出エリアも広大なため、数十年間数ヶ所で採掘されているが、現在も採り尽くされておらず、新しい採掘地も開かれている。最も一般的なのは薄い青みがかったグレー、ベージュ色の大ぶりなプルームで、先端部が鉄分で茶色く染まったものだが、ピンク色や緑色を含む彩度の高いものもとれ、採掘地別に個有名もつけられている。

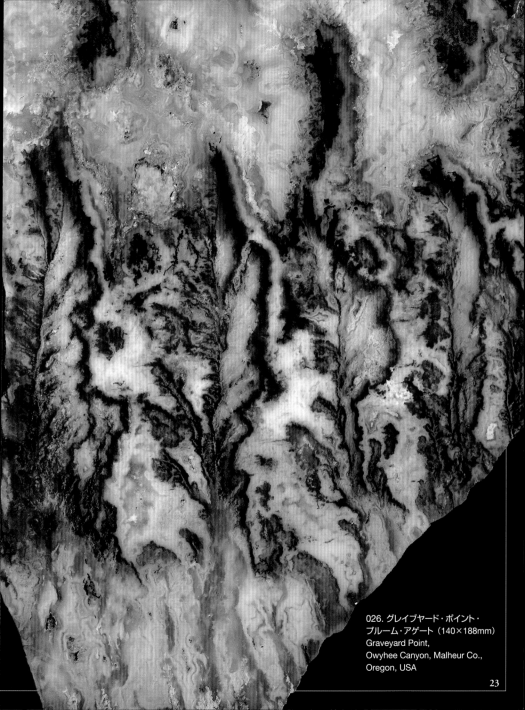

026. グレイブヤード・ポイント・
ブルーム・アゲート（140×188mm）
Graveyard Point,
Owyhee Canyon, Malheur Co.,
Oregon, USA

23

027

028

029

フェザー・リッジ・プルーム・アゲートはグレイ
ブヤード・ポイント・エリアでとれるプルーム・
アゲートで、1980年代初頭に発見され、2012年
からフィリップ・スティーヴンソンにより本格的
な採掘が行われている。パステル調のピンク、黄
色、オレンジなど、非常に彩度の高いプルームの
入ったメノウで、この地域でとれる最もカラフル
なプルーム・アゲートといっていい。2頁の写真
は「エンジェル・ウィング」と呼ばれる、全体が
カルセドニーに覆われていない、プルーム部分の
みの標本。

027-030. フェザー・リッジ・プルーム・アゲート
Feather Ridge Plume Agate,
Graveyard Point, Owyhee Canyon,
Malheur Co., Oregon, USA

Philip Stephenson collection

030

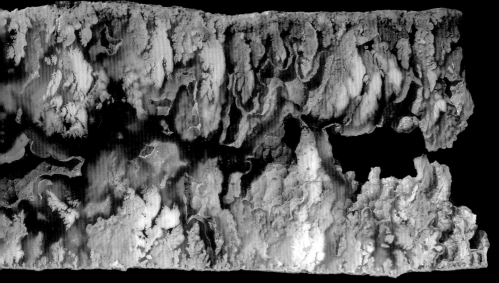

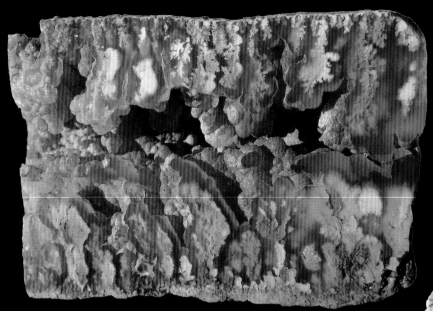

031-033. フェザー・リッジ・プルーム・アゲート
Feather Ridge Plume Agate,
Graveyard Point, Owyhee Canyon, Malheur Co., Oregon, USA

Philip Stephenson collection

031

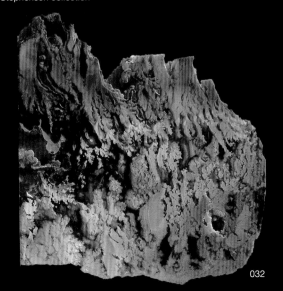

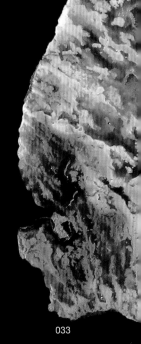

032

033

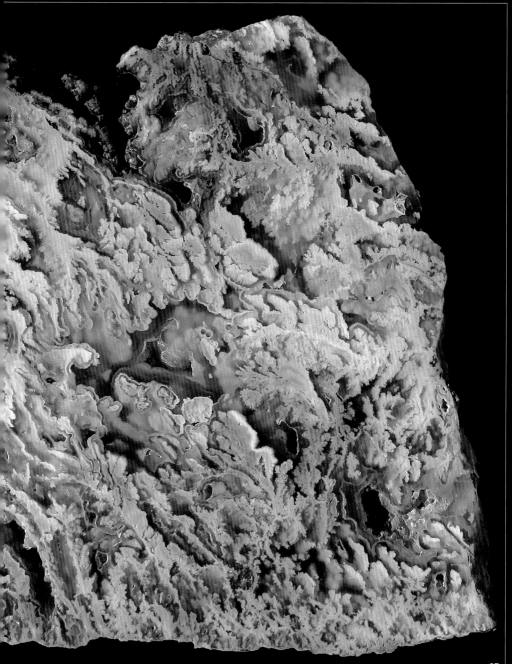

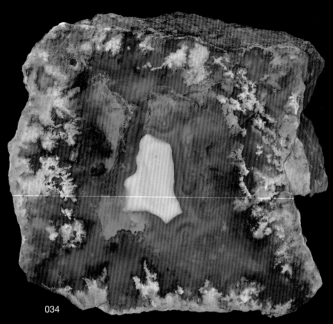

034

034, 035. リージェンシー・ローズ・
プルーム・アゲート
034（85×75mm）、035（38×38mm）
Regency Rose Plume Agate,
Graveyard Point, Owyhee Canyon,
Malheur Co., Oregon, USA

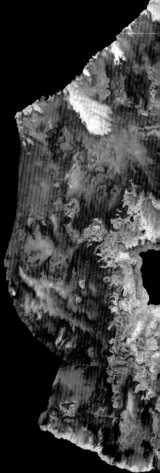

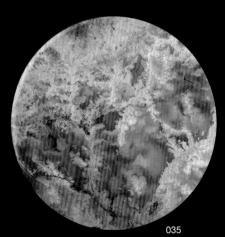

035

リージェンシー・ローズ・プルーム・アゲートもグレイブヤード・ポイントで産するプルーム・アゲートで、その名の通り、ピンク味のあるプルームが入っていることで知られる。1990年代末頃から本格的な採掘が行われている。036は厚さ1センチほどに切った板を対称形に配置したもの。カットの仕方によって模様の形が違って見える。

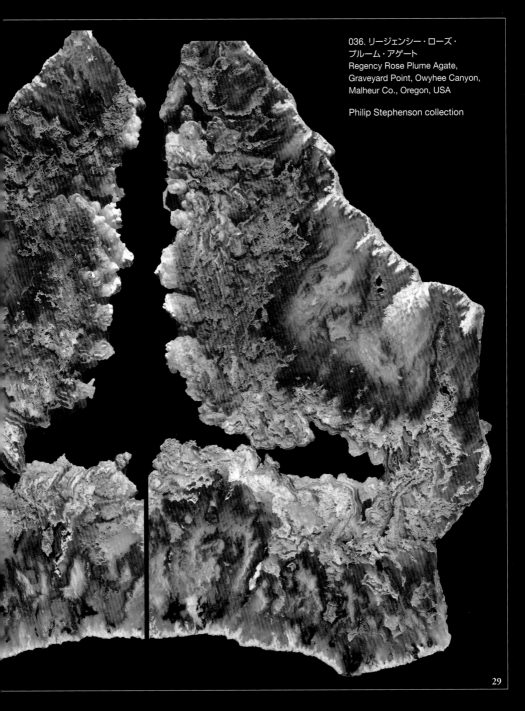

036. リージェンシー・ローズ・
プルーム・アゲート
Regency Rose Plume Agate,
Graveyard Point, Owyhee Canyon,
Malheur Co., Oregon, USA

Philip Stephenson collection

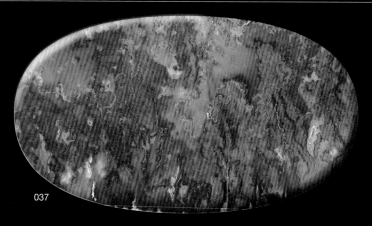

037

037, 038. グレイヤード・ポイント・プルーム・アゲート
037（90×48mm）、038（190×98mm）
Graveyard Point, Owyhee Canyon,
Malheur Co., Oregon, USA

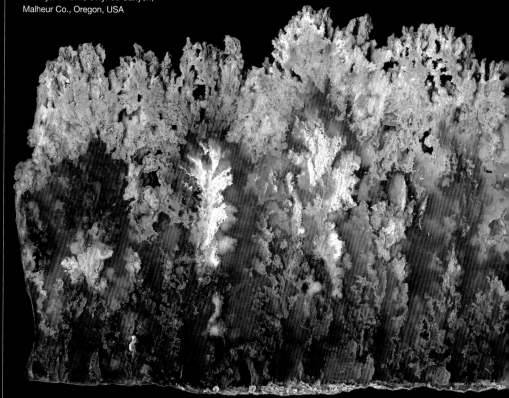

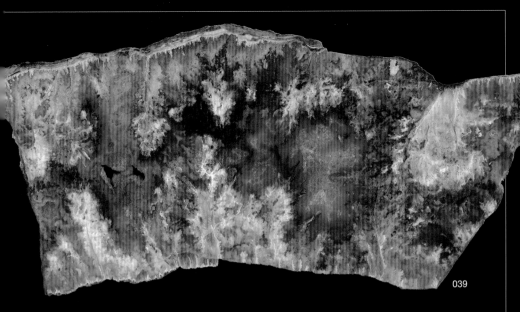

039

039, 040. リージェンシー・ローズ・プルーム・アゲート
039 (150×65mm)、040は部分拡大
Regency Rose Plume Agate,
Graveyard Point, Owyhee Canyon,
Malheur Co., Oregon, USA

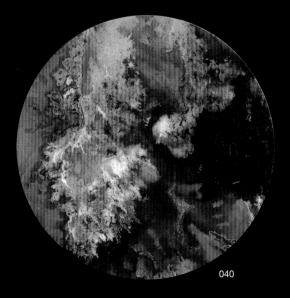

038

040

041

042

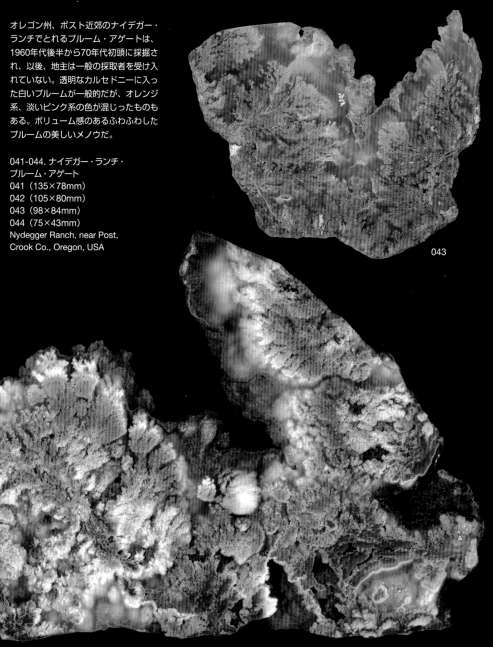

オレゴン州、ポスト近郊のナイデガー・
ランチでとれるブルーム・アゲートは、
1960年代後半から70年代初頭に採掘さ
れ、以後、地主は一般の採取者を受け入
れていない。透明なカルセドニーに入っ
た白いブルームが一般的だが、オレンジ
系、淡いピンク系の色が混じったものも
ある。ボリューム感のあるふわふわした
ブルームの美しいメノウだ。

041-044. ナイデガー・ランチ・
ブルーム・アゲート
041（135×78mm）
042（105×80mm）
043（98×84mm）
044（75×43mm）
Nydegger Ranch, near Post,
Crook Co., Oregon, USA

043

044　　　Pat McMahan collection

045

須田千瑛 Chiaki Suda collection

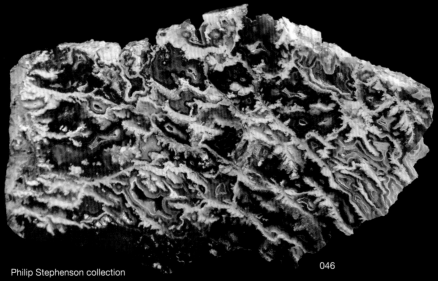

Philip Stephenson collection

046

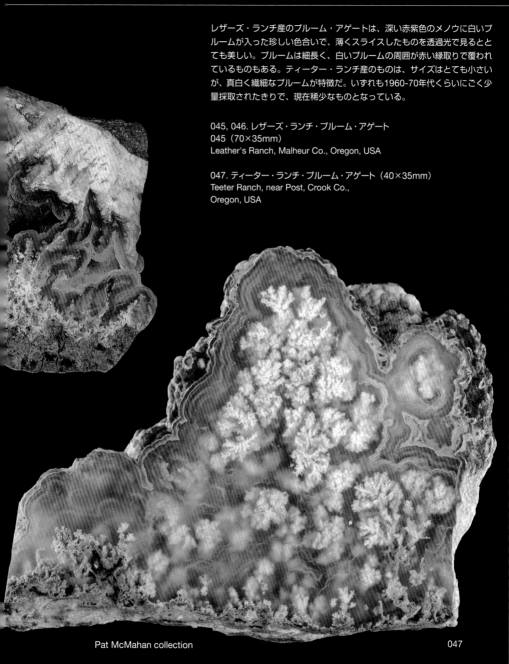

レザーズ・ランチ産のプルーム・アゲートは、深い赤紫色のメノウに白いプルームが入った珍しい色合いで、薄くスライスしたものを透過光で見るととても美しい。プルームは細長く、白いプルームの周囲が赤い縁取りで覆われているものもある。ティーター・ランチ産のものは、サイズはとても小さいが、真白く繊細なプルームが特徴だ。いずれも1960-70年代くらいにごく少量採取されたきりで、現在稀少なものとなっている。

045, 046. レザーズ・ランチ・プルーム・アゲート
045（70×35mm）
Leather's Ranch, Malheur Co., Oregon, USA

047. ティーター・ランチ・プルーム・アゲート（40×35mm）
Teeter Ranch, near Post, Crook Co.,
Oregon, USA

Pat McMahan collection

047

イーグル・ロック・プルーム・アゲート
はオレゴンのメノウ・ジャスパー界で有
名なシャーリー・クワント、ジェイク・
ジャコビッツといった探鉱者たちに採掘
され、販売されたことで知られる。黒く
細かいプルームが散っているものが一般
的だが、鉄分で赤く染まっているものも
ある。

048. パウエル・ビュート・
プルーム・アゲート
（70×72mm）
Powell Butte, Crook Co.,
Oregon, USA

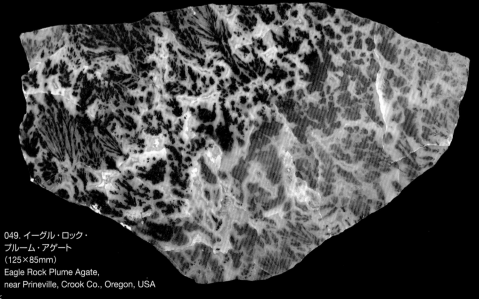

049. イーグル・ロック・
プルーム・アゲート
（125×85mm）
Eagle Rock Plume Agate,
near Prineville, Crook Co., Oregon, USA

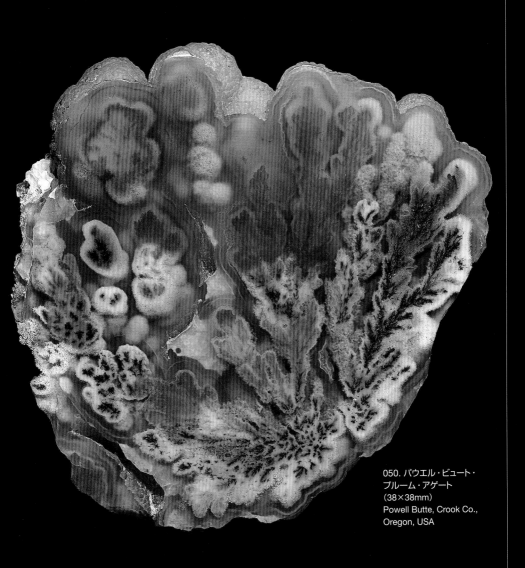

050. パウエル・ビュート・
プルーム・アゲート
（38×38mm）
Powell Butte, Crook Co.,
Oregon, USA

パウエル・ビュート産のプルーム・アゲート
は濃い赤、黒の杉の葉のような、枝葉の短い
細長いプルームがぎっしりとまとまった形で
入っているものが多い。1960年代に採掘され、
採り尽くされたと言われている。

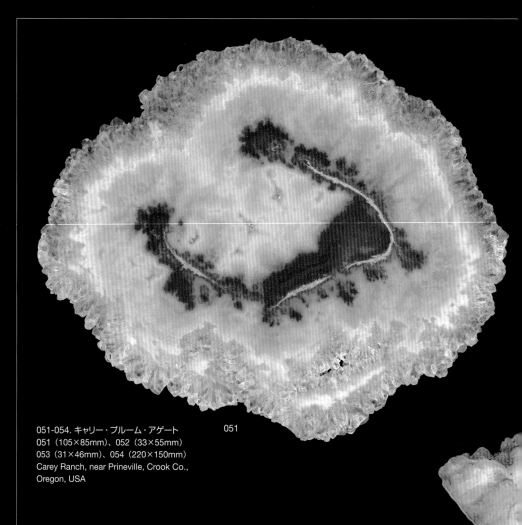

051-054. キャリー・ブルーム・アゲート
051 (105×85mm)、052 (33×55mm)
053 (31×46mm)、054 (220×150mm)
Carey Ranch, near Prineville, Crook Co.,
Oregon, USA

051

キャリー・ブルーム・アゲートは、乳白色のベースに細かな枝葉のある鮮やかな深紅色のブルームが特徴。プラインビル近郊のエルドン・キャリーの牧場内で発見され、1940年代半ばから採掘が始まった。エルドン・キャリーは第二次大戦後、オレゴン州中部のメノウを数多く探索した。イーグル・ロックやプライデー・ランチのブルーム・アゲートなど、名品といえるメノウを最初に採掘した者の一人だという。

キャリー・ブルームはその色鮮やかさからアクセサリーの材料として人気を呼んだが、ほぼ採り尽くされており、オレゴン産のブルーム・アゲートで最も高価なものの一つとなっている。ブルームはメノウの塊の端に林立して伸びているものが一般的だが、太さ10センチ近くもある、棒状に細長く伸びた結晶の芯の部分に入っているものもあり、051はそれを輪切りにしたものだ。

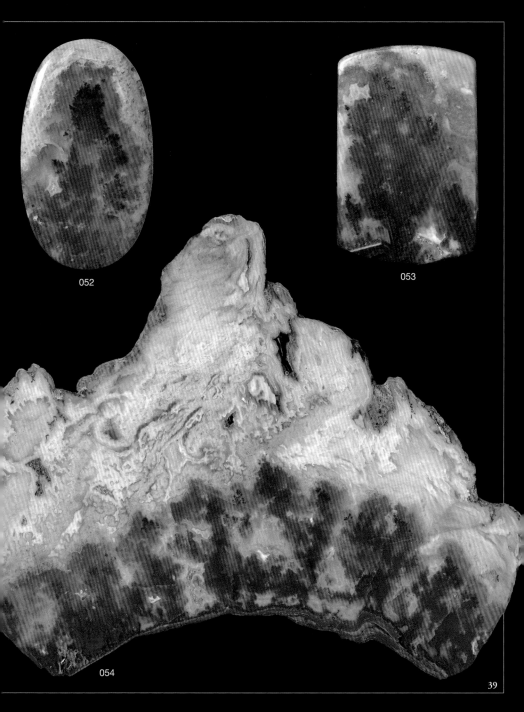

052

053

054

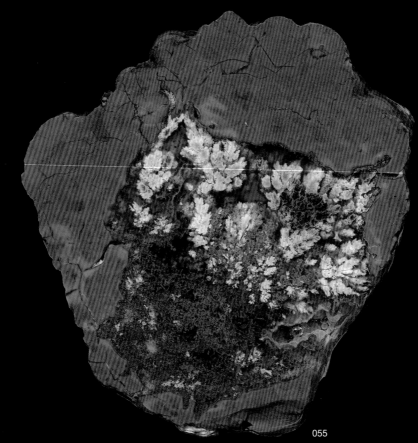

055

055, 056. プライデー・プルーム・アゲート
055（54×57mm）、056（45×55mm）
Priday Ranch (Richardson Ranch),
Madras, Jefferson Co., Oregon, USA

球状の流紋岩の団塊の中にメノウや水晶、オパールなど、石英系の鉱物が詰まったものは、「サンダーエッグ」の愛称で親しまれているが、この名はオレゴン州で生まれたものだ。現在、世界で流通しているサンダーエッグの6割以上がオレゴン中部のオチョーコ山地産とも言われている。現在このエリアには20を越える産地があり、それぞれでとれるエッグには特徴がある。インクルージョンがあるものも多いが、プライデー・ランチ（現リチャードソン・ランチ）内に、美しいプルーム・アゲートが入っているサンダーエッグを多く産出する場所があり、コレクターや宝飾デザイナーなどに珍重されてきた。現在この産地は採り尽くされてしまっており、古いストックやコレクションのみが流通している。オレゴンを代表するプルーム・アゲートといっていい。

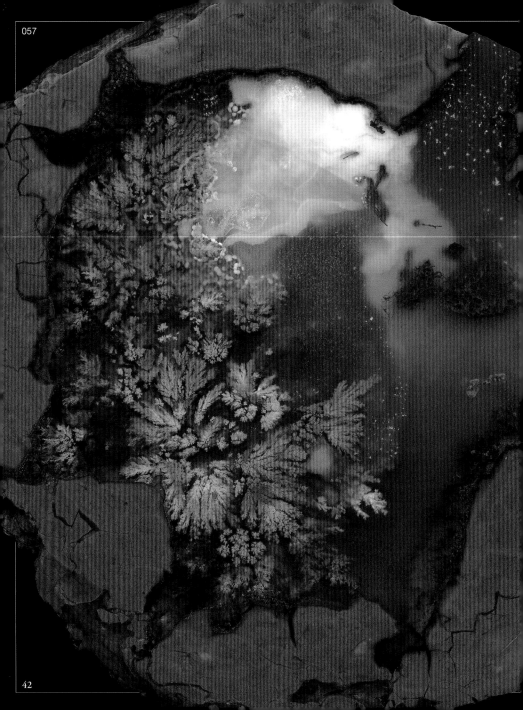

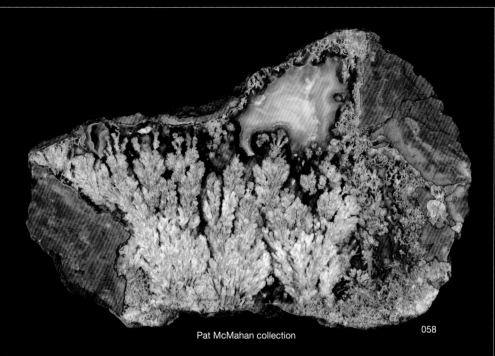

Pat McMahan collection

058

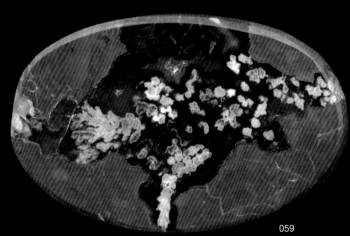

059

057-059. プライデー・プルーム・アゲート
057（50×64mm）、058（68×53mm）、059（55×34mm）
Priday Ranch (Richardson Ranch),
Madras, Jefferson Co., Oregon, USA

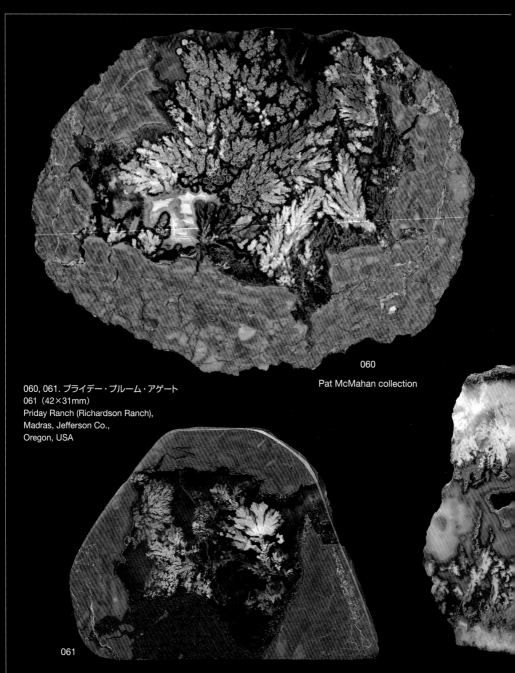

060

Pat McMahan collection

060, 061. プライデー・プルーム・アゲート
061（42×31mm）
Priday Ranch (Richardson Ranch),
Madras, Jefferson Co.,
Oregon, USA

061

062, 063. リンダ・マリー・プルーム・アゲート
Linda Marie Plume Agate,
Graveyard Point, Owyhee Canyon,
Malheur Co., Oregon, USA

Philip Stephenson collection

リンダ・マリー・プルーム・
アゲートも比較的近年採掘と
販売が行われている、グレイ
ブヤード・ポイント産のメノ
ウで、白いプルームの先端が
緑色に染まっているのが特徴
だ。062のように、脈状に生
成したものが細かく砕け、バ
ラバラになり、再びひと塊に
まとまったような、モザイク
状の珍しい形状のものもある。

062

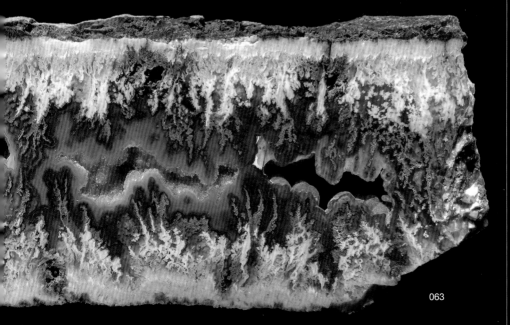

063

45

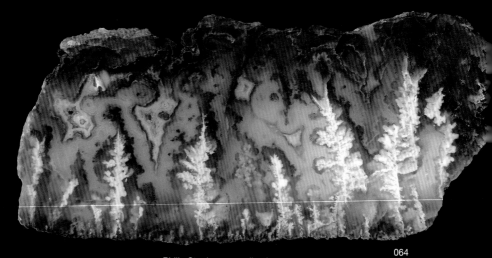

Philip Stephenson collection

064

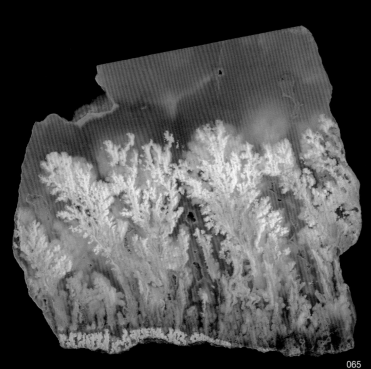

065

066

Pat McMahan collection

064-066. スティンキン・ウォーター・プルーム・アゲート
065（86×80mm）、066（49×55mm）
Stinking Water Creek, near Juntura,
Harney Co., Oregon, USA

スティンキン・ウォーター・プルーム・アゲートは純白の
プルームが特徴のメノウだ。産地の近くを流れるスティン
キング・ウォーター・クリーク（臭う水の川）の水は硫化
水素を含んでおり、そのためにこの名前がつけられた。現
在もメノウ愛好家が採取に訪れている。

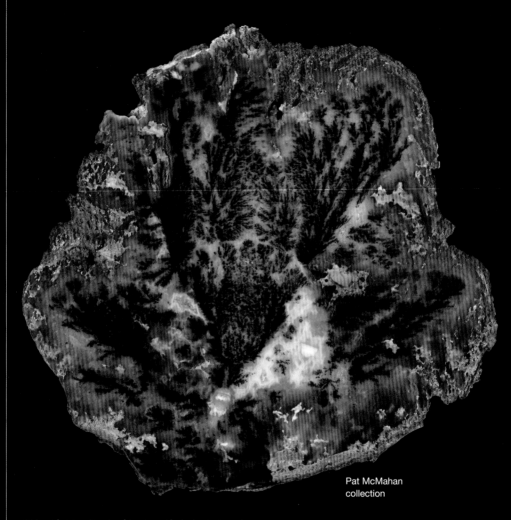

Pat McMahan
collection

067. ロビンソン・ランチ・プルーム・アゲート（127×90mm）
Robinson Ranch, Prineville,
Crook Co., Oregon, USA

ロビンソン・ランチのプルーム・アゲートは1940年代後半に
キャリー・ランチのオーナー、エドウィン・キャリーによっ
て発見された。赤味がかった母岩に黒く、細かな枝葉のつい
たプルームが特徴。

069. ペイズリー・プルーム・アゲート
（162×125mm）
Paisley Plume Agate,
Wiley's Well, Imperial Co.,
California, USA

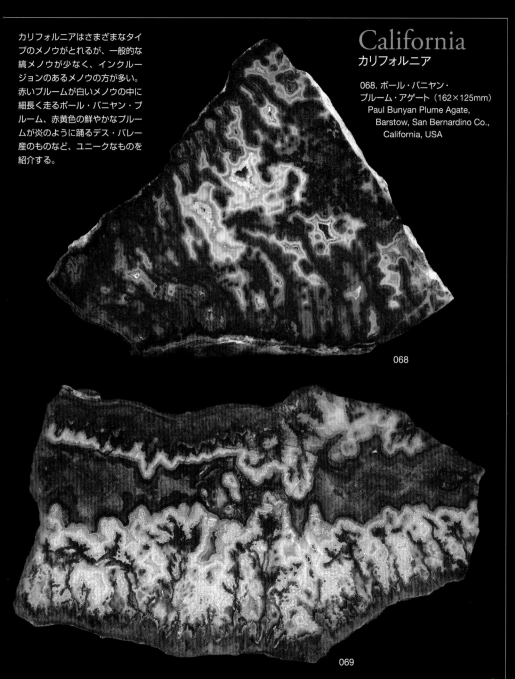

カリフォルニアはさまざまなタイプのメノウがとれるが、一般的な縞メノウが少なく、インクルージョンのあるメノウの方が多い。赤いプルームが白いメノウの中に細長く走るポール・バニヤン・プルーム、赤黄色の鮮やかなプルームが炎のように踊るデス・バレー産のものなど、ユニークなものを紹介する。

068. ポール・バニヤン・
プルーム・アゲート（162×125mm）
Paul Bunyan Plume Agate,
Barstow, San Bernardino Co.,
California, USA

068

069

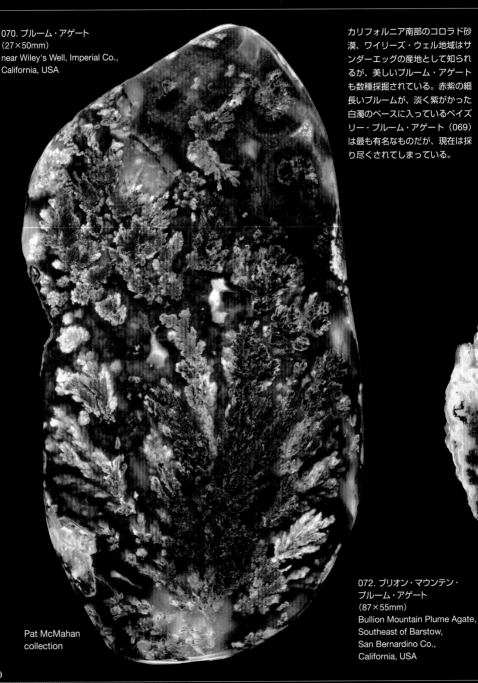

070. プルーム・アゲート
（27×50mm）
near Wiley's Well, Imperial Co.,
California, USA

カリフォルニア南部のコロラド砂漠、ワイリーズ・ウェル地域はサンダーエッグの産地として知られるが、美しいプルーム・アゲートも数種採掘されている。赤紫の細長いプルームが、淡く紫がかった白濁のベースに入っているペイズリー・プルーム・アゲート（069）は最も有名なものだが、現在は採り尽くされてしまっている。

072. ブリオン・マウンテン・
プルーム・アゲート
（87×55mm）
Bullion Mountain Plume Agate,
Southeast of Barstow,
San Bernardino Co.,
California, USA

ラス・ベガスの南に広がるモハー
べ砂漠にもメノウが採取できる場
所が多数あり、多くの愛好家が探
石に訪れる。ブリオン・マウンテ
ン産のものは鮮やかな赤と黄色の
プルームが入ったものがあり、メ
キシコのバード・オブ・パラダイ
ス・プルーム・アゲート（66頁）
にも似ている。

071. キャディー・マウンテン・
プルーム・アゲート
（165×65mm）
Cady Mountain Plume Agate,
East of Barstow, San Bernardino Co.,
California, USA

071

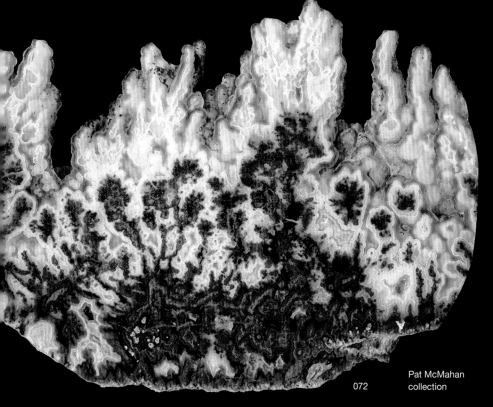

072

Pat McMahan
collection

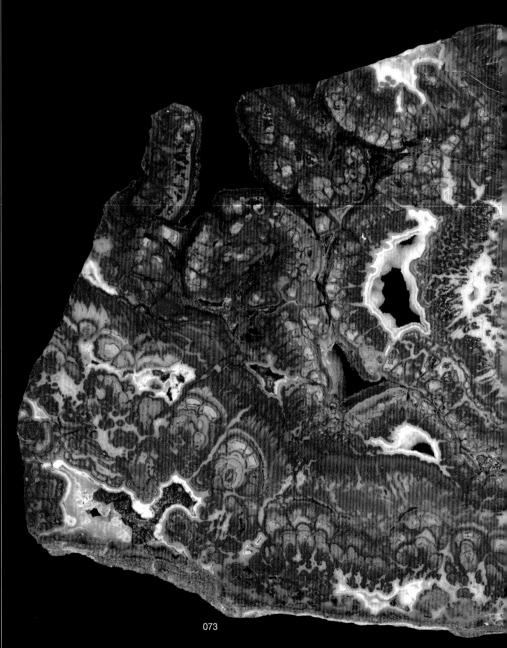

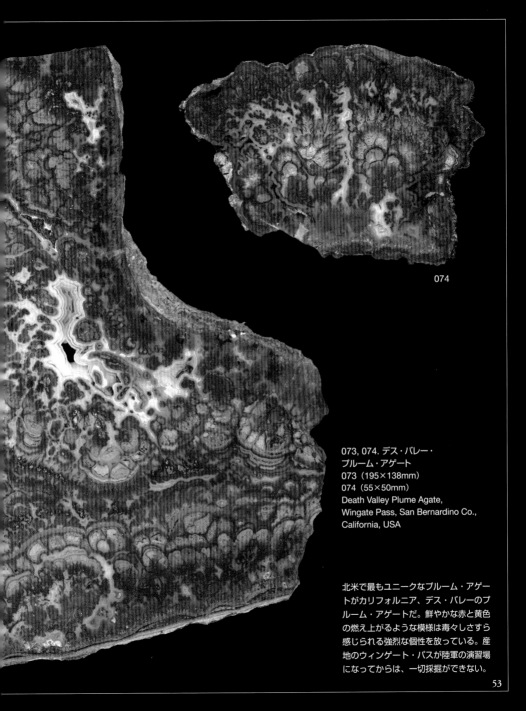

074

073, 074. デス・バレー・
プルーム・アゲート
073（195×138mm）
074（55×50mm）
Death Valley Plume Agate,
Wingate Pass, San Bernardino Co.,
California, USA

北米で最もユニークなプルーム・アゲー
トがカリフォルニア、デス・バレーのプ
ルーム・アゲートだ。鮮やかな赤と黄色
の燃え上がるような模様は毒々しさすら
感じられる強烈な個性を放っている。産
地のウィンゲート・パスが陸軍の演習場
になってからは、一切採掘ができない。

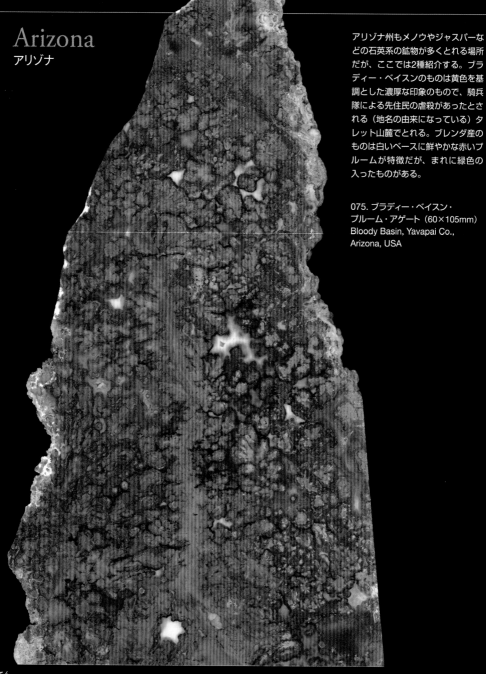

Arizona
アリゾナ

アリゾナ州もメノウやジャスパーな
どの石英系の鉱物が多くとれる場所
だが、ここでは2種紹介する。ブラ
ディー・ベイスンのものは黄色を基
調とした濃厚な印象のもので、騎兵
隊による先住民の虐殺があったとさ
れる（地名の由来になっている）タ
レット山麓でとれる。ブレンダ産の
ものは白いベースに鮮やかな赤いプ
ルームが特徴だが、まれに緑色の
入ったものがある。

075. ブラディー・ベイスン・
プルーム・アゲート（60×105mm）
Bloody Basin, Yavapai Co.,
Arizona, USA

076, 077. ブレンダ・プルーム・アゲート
076（64×52mm）、077（83×50mm）
Brenda, La Paz Co.,
Arizona, USA

076

077

Pat McMahan collection

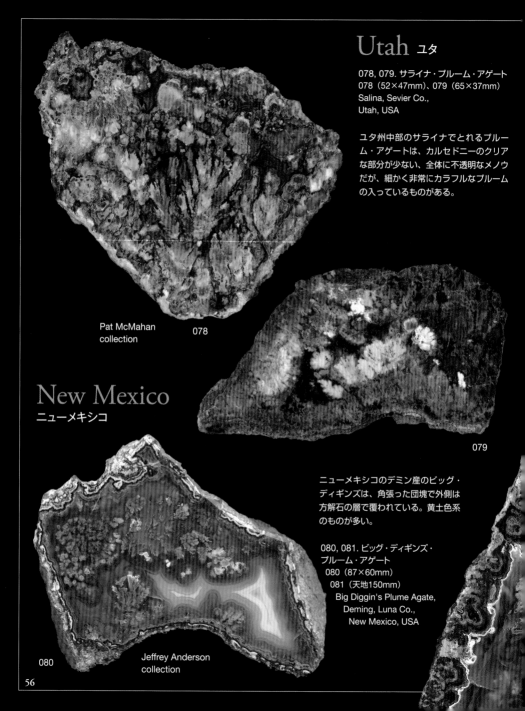

Utah ユタ

078, 079. サライナ・プルーム・アゲート
078（52×47mm）、079（65×37mm）
Salina, Sevier Co.,
Utah, USA

ユタ州中部のサライナでとれるプルーム・アゲートは、カルセドニーのクリアな部分が少ない、全体に不透明なメノウだが、細かく非常にカラフルなプルームの入っているものがある。

Pat McMahan
collection   078

079

New Mexico
ニューメキシコ

ニューメキシコのデミン産のビッグ・ディギンズは、角張った団塊で外側は方解石の層で覆われている。黄土色系のものが多い。

080, 081. ビッグ・ディギンズ・プルーム・アゲート
080（87×60mm）
081（天地150mm）
Big Diggin's Plume Agate,
Deming, Luna Co.,
New Mexico, USA

080

Jeffrey Anderson
collection

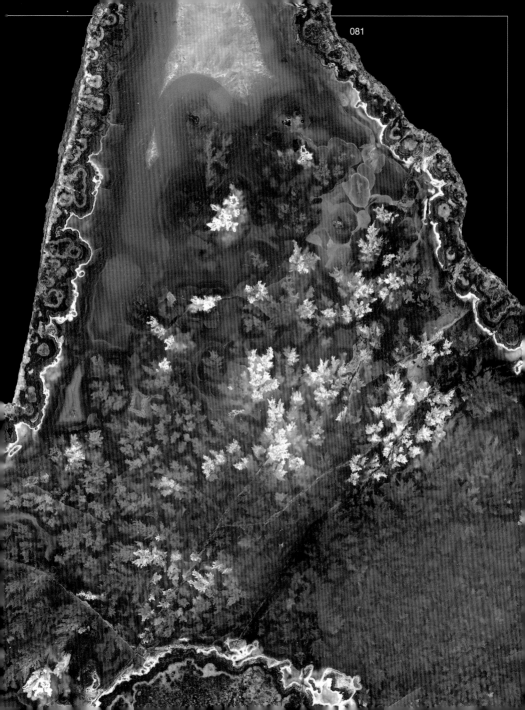

Wyoming, Idaho, Nevada
ワイオミング／アイダホ／ネヴァダ

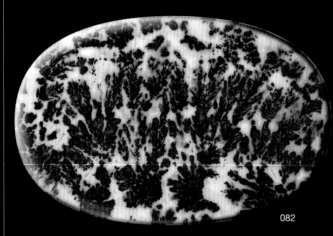

082

メディスン・ボウ・プルーム・アゲートはワイオミング州のメディスン・ボウ山近くでとれる黒いプルーム・アゲートだ。非常に大きな塊がとれるだけでなく、プルームそのものもとてもサイズが大きいのが特徴だ。

082. メディスン・ボウ・
プルーム・アゲート
（87×60mm）
Medicine Bow Plume Agate,
West of Laramie, Albany Co.,
Wyoming, USA

083. プルーデント・マン・プルーム・アゲート
（165×85mm）
Prudent Man Plume Agate,
near Mackay, Custer Co., Idaho, USA

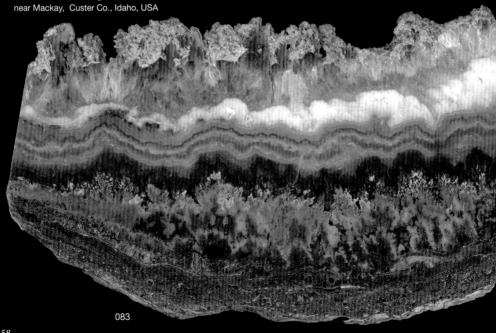

083

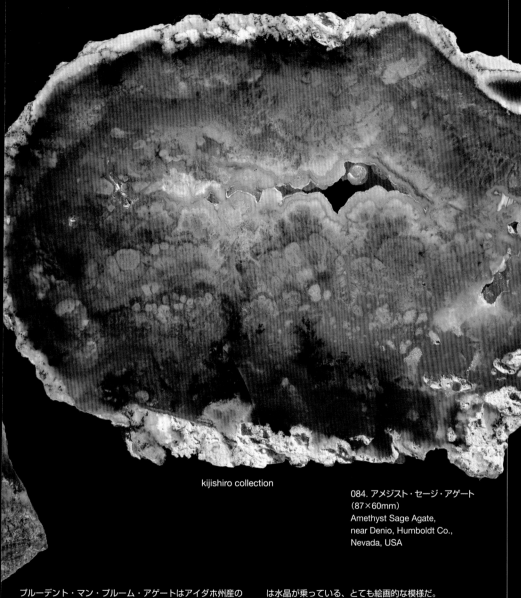

kijishiro collection

084. アメジスト・セージ・アゲート
（87×60mm）
Amethyst Sage Agate,
near Denio, Humboldt Co.,
Nevada, USA

プルーデント・マン・プルーム・アゲートはアイダホ州産の
比較的新しく発見されたメノウだ。縦にカットした断面は抹
茶色のプルームが土の上に生える草のような姿で、さらに先
端についたベージュ色の部分が花のような印象を与える。上
には焦げ茶、グレー、白のメノウとオパールの層、さらに上

は水晶が乗っている、とても絵画的な模様だ。
アメジスト・セージ・アゲートはネヴァダ州北部でとれる石
で、紫色のメノウをベースに白・オレンジ色のオパール、黒
い樹状のインクルージョンが入っているものが多いが、この
石はプルーム状の形が入っている珍しい標本だ。

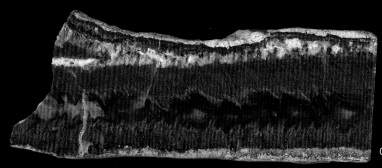

085

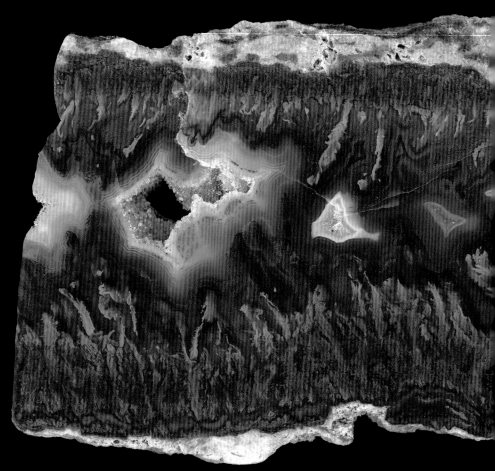

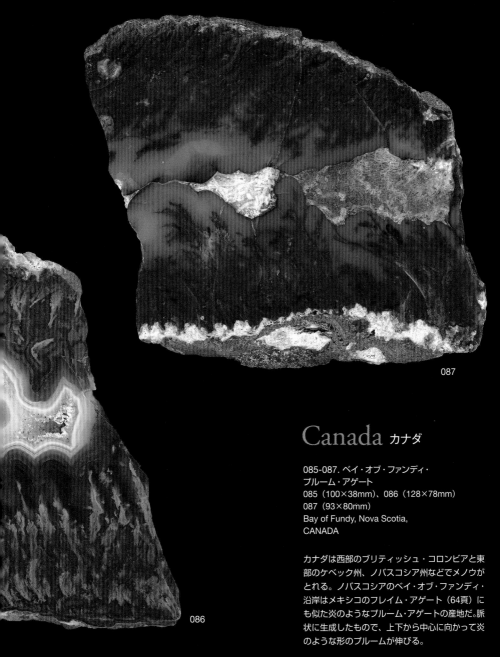

087

086

Canada カナダ

085-087. ベイ・オブ・ファンディ・
プルーム・アゲート
085（100×38mm）、086（128×78mm）
087（93×80mm）
Bay of Fundy, Nova Scotia,
CANADA

カナダは西部のブリティッシュ・コロンビアと東
部のケベック州、ノバスコシア州などでメノウが
とれる。ノバスコシアのベイ・オブ・ファンディ・
沿岸はメキシコのフレイム・アゲート（64頁）に
も似た炎のようなプルーム・アゲートの産地だ。脈
状に生成したもので、上下から中心に向かって炎
のような形のプルームが伸びる。

中南米の
プルーム・アゲート

メキシコは美麗な縞メノウが多くとれる
ことで知られているが、プルーム・アゲー
トも豊富だ。市場に多く流通してきた
有名なものから、近年テキサス国境付近
で採掘された驚くほどカラフルなメキシ
コ産ブーケ・アゲート、さらに、ブラジ
ル、アルゼンチンのものを紹介する。

Mexico
メキシコ

メキシコのプルーム・アゲートは縞メノウと同じ
く、チワワ、ソノラの両州で豊富にとれる。ノ
チェ・イ・ディアは「夜と昼」の意味だが、白と
黒のプルームのコントラストを表している。リ
ヴィエラ・プルームは1960年代末にこのメノウを
アメリカの鉱物ショーに持ってきたリヴィエラ兄
弟の名からとられているというが、詳しい産地は
わかっていない。明るいオーカー、黄色のふさふ
さしたプルームが特徴だ。

088. ノチェ・イ・ディア・プルーム・アゲート
（28×60mm）
Noche y Dia Plume Agate,
near Ojinaga, Chihuahua, MEXICO

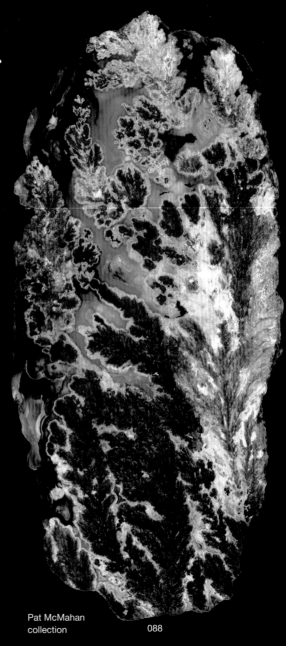

Pat McMahan
collection

088

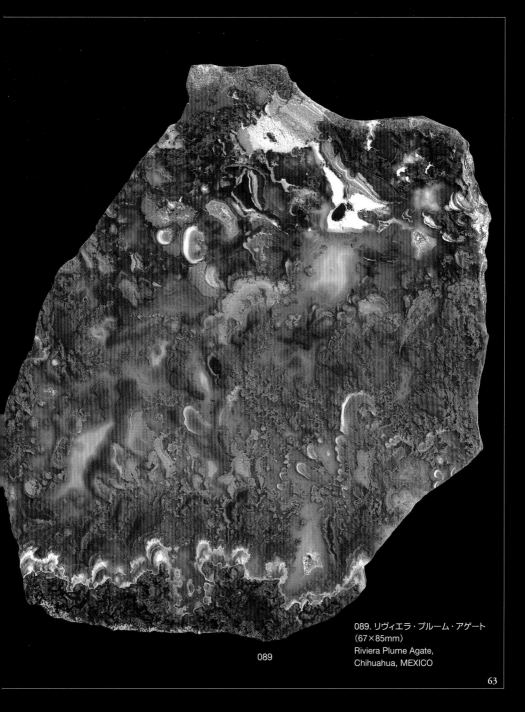

089. リヴィエラ・プルーム・アゲート
（67×85mm）
Riviera Plume Agate,
Chihuahua, MEXICO

089

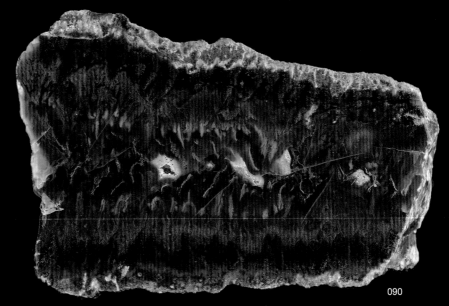

090

090. フレイム・アゲート
（90×60mm）
Flame Agate, South of Jimenez,
Chihuahua, MEXICO

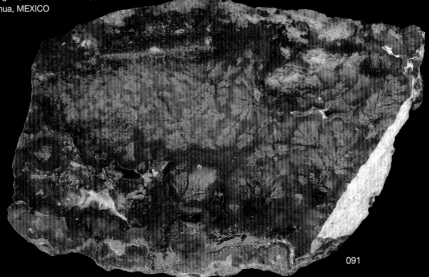

091

091. ブルーム・アゲート（65×42mm）
Ojo Laguna, Chihuahua, MEXICO

092

092, 093. ソノラ・プルーム・アゲート
092（148×98mm）、093（106×55mm）
Central Sonora, MEXICO

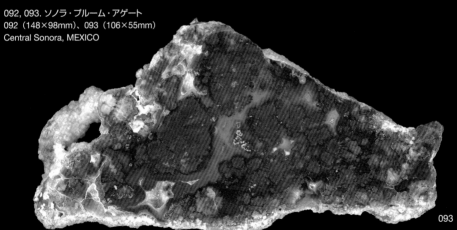

093

090のフレイム・アゲートはその名の通り鮮やかな赤いブルームが、脈の端から中心に向かって燃え立つ炎のように伸びているのが特徴だ。091は最高品質の縞メノウの産地として知られるオホ・ラグーナ近郊で1950年代に地表面採取されたものだ。

ソノラ州中部でとれるプルーム・アゲートは非常にカラフルで形もバリエーションに富んでいる。1970年代に重機を使った商業的な採掘が行われ、その後も愛好家によって断続的に採取されている。

メキシコは美麗な縞メノウが豊富だが、サンダーエッグは意外に地味な色味のものが多い。このライラック・サンダーエッグはチワワ州北部産だが、白く、ほんのり紫色の縞メノウが特徴で、まれにプルームが入っている。バード・オブ・パラダイス・アゲートは「極楽鳥」の名の通り、美しい鳥の尾羽根のような赤・黄・ピンク系の細長いプルームが特徴だ。

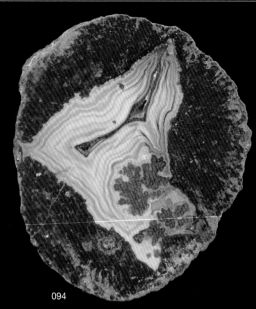

094

Jeffrey Anderson collection

094. ライラック・サンダーエッグ（78×90mm）
Lilac Thunderegg,
Casas Grandes, Chihuahua, MEXICO

095, 096. バード・オブ・パラダイス・アゲート
095（100×65mm）、096（135×170mm）
Bird of Paradise Agate,
South of Naica, Chihuahua, MEXICO

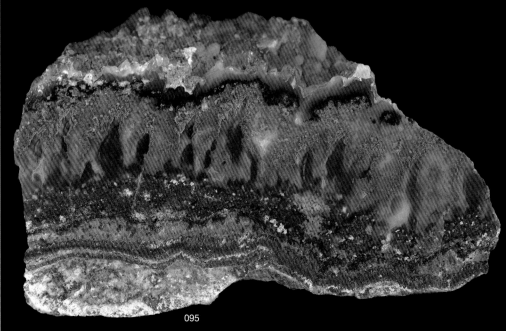

095

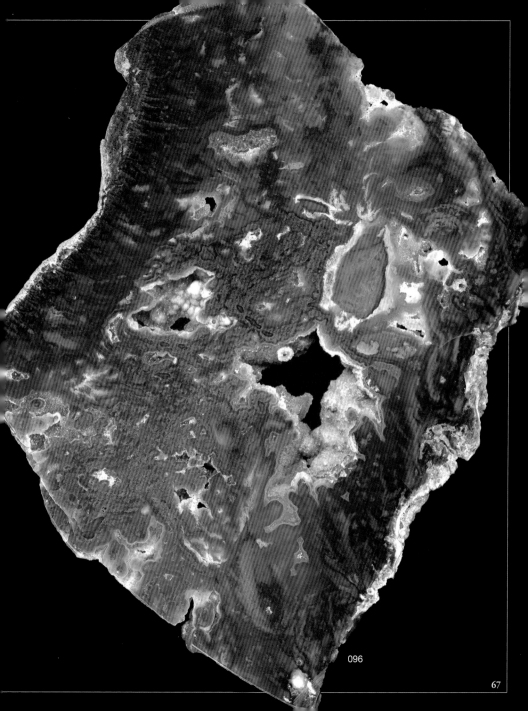

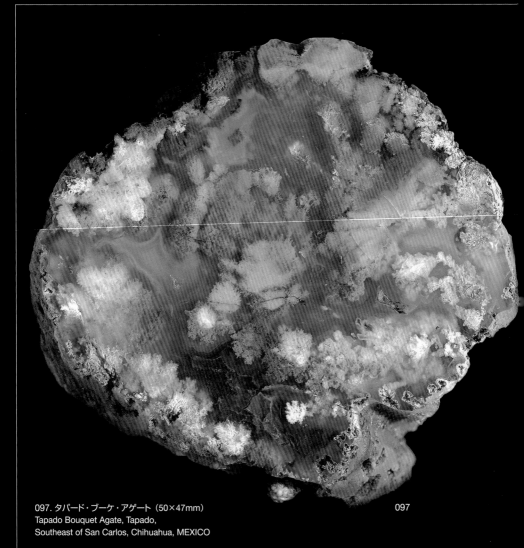

097. タパード・ブーケ・アゲート（50×47mm）
Tapado Bouquet Agate, Tapado,
Southeast of San Carlos, Chihuahua, MEXICO

Darwin Dillon collection

097

タパード・ブーケ・アゲートはメキシコ、チワワ州最北部、テキサス州境にほど近い、ビッグ・ベンドの南側に位置するサン・カルロスの町の南東で発見された非常にカラフルなメノウだ。サン・カルロス・ブルーム・アゲートとも呼ばれている。ビッグ・ベンドを挟んで北側のテキサス州マーファ（10頁）でとれるものと同様、ブーケの名にふさわしいカラフルなプルームが咲き乱れる。写真を提供してくれたダーウィン・ディロン氏によって採取されたものは、おそらくこれまでに発見されたプルーム・アゲートのなかで最もカラフルなものといっていい。

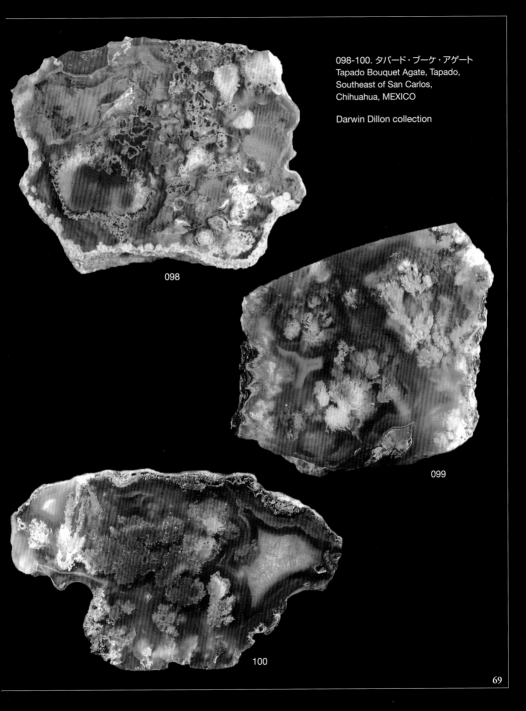

098-100. タパード・ブーケ・アゲート
Tapado Bouquet Agate, Tapado,
Southeast of San Carlos,
Chihuahua, MEXICO

Darwin Dillon collection

098

099

100

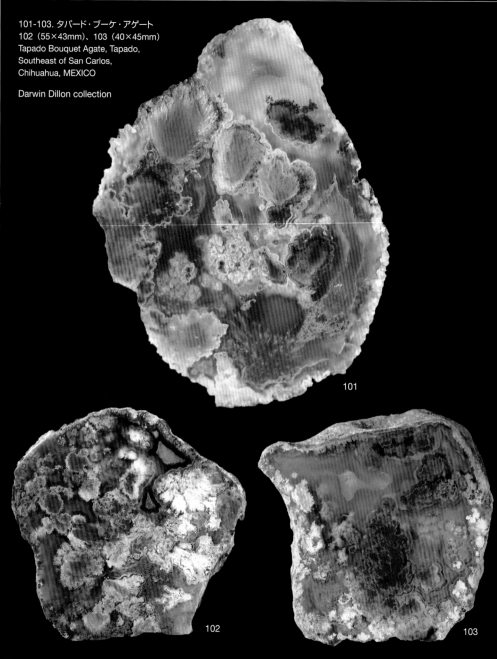

101-103. タパード・ブーケ・アゲート
102（55×43mm）、103（40×45mm）
Tapado Bouquet Agate, Tapado,
Southeast of San Carlos,
Chihuahua, MEXICO

Darwin Dillon collection

101

102

103

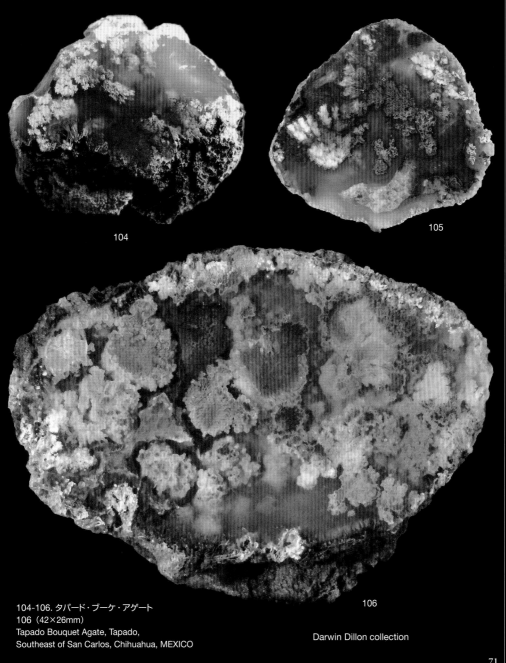

104

105

104-106. タパード・ブーケ・アゲート
106（42×26mm）
Tapado Bouquet Agate, Tapado,
Southeast of San Carlos, Chihuahua, MEXICO

106

Darwin Dillon collection

Argentina
アルゼンチン

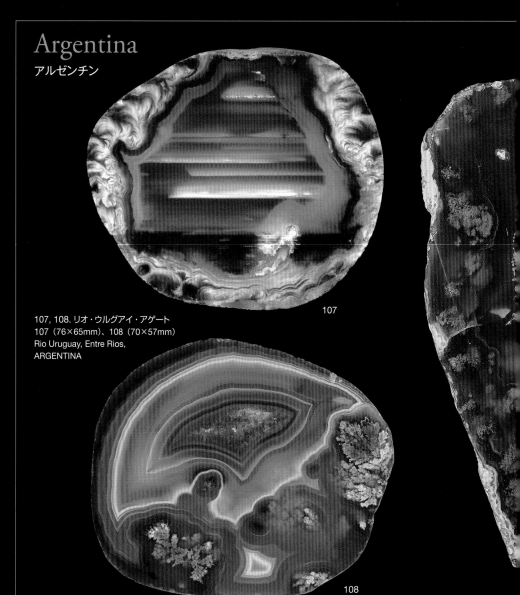

107, 108. リオ・ウルグアイ・アゲート
107（76×65mm）、108（70×57mm）
Rio Uruguay, Entre Rios,
ARGENTINA

107

108

アルゼンチン、エントレリオス州、ウルグアイとの国境となっ
ているウルグアイ川の川床でとれるメノウは、ウルグアイ産、
もしくはさらに上流のブラジル産といっていいかもしれない。
107のようなメノウは「クラウド（雲）・アゲート」とも呼ば
れるが、鉱物ショップでたくさん売られているブラジルの
Ocoジオードと呼ばれる小さなジオードとほぼ同じタイプ
だ。ふたつの産地も互いにそれほど遠くないので、関連があ
るかもしれない。

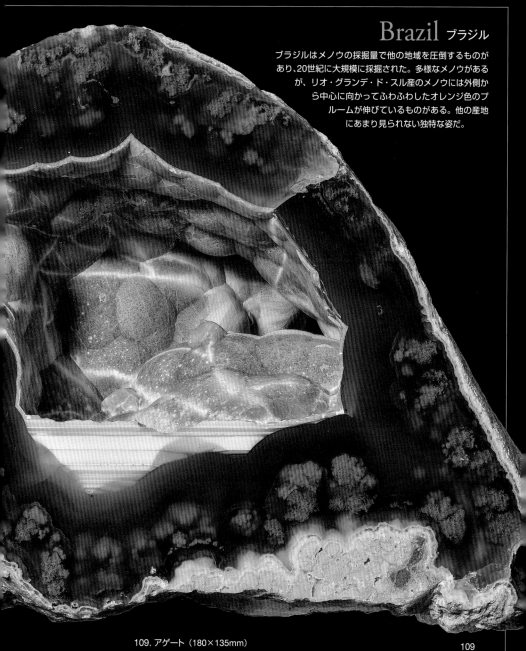

Brazil ブラジル

ブラジルはメノウの採掘量で他の地域を圧倒するものが
あり、20世紀に大規模に採掘された。多様なメノウがある
が、リオ・グランデ・ド・スル産のメノウには外側か
ら中心に向かってふわふわしたオレンジ色のブ
ルームが伸びているものがある。他の産地
にあまり見られない独特な姿だ。

109. アゲート（180×135mm）
Rio Grande do Sul, BRAZIL

109

世界のプルーム・アゲート

これまで採掘・流通しているプルーム・アゲートの多くは南北アメリカ産のものが多かったが、
もちろん、世界の他のエリアでも同じタイプのメノウはとれる。
アフリカ、ヨーロッパ、オセアニア、そして日本を含む
アジア諸国のものを紹介する。

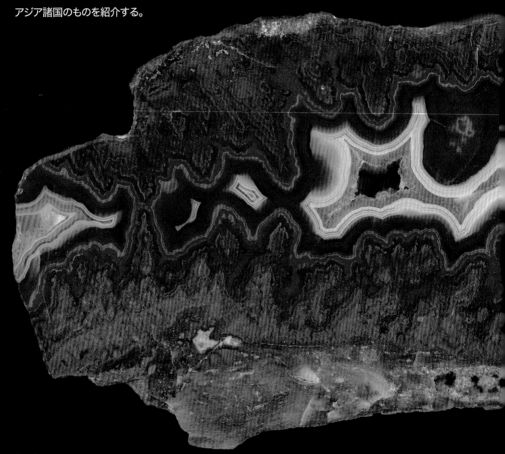

Morocco モロッコ

モロッコはさまざまな鉱物や化石の産地として知られるが、
メノウも20世紀末から次々に新しいものが採掘されている。
孔雀石やアズライトの産地としても知られるケルシャン産の
ものは玄武岩中にできた脈状、あるいは団塊状のメノウで、山
の斜面で採掘されている。大きな塊が多く、直径30センチを
超える団塊もある。特徴は白っぽい縞メノウを取り巻くよう
にして伸びているプルーム状の構造で、この部分が酸化鉄に
より錆色やオレンジ色になっていることが多い。

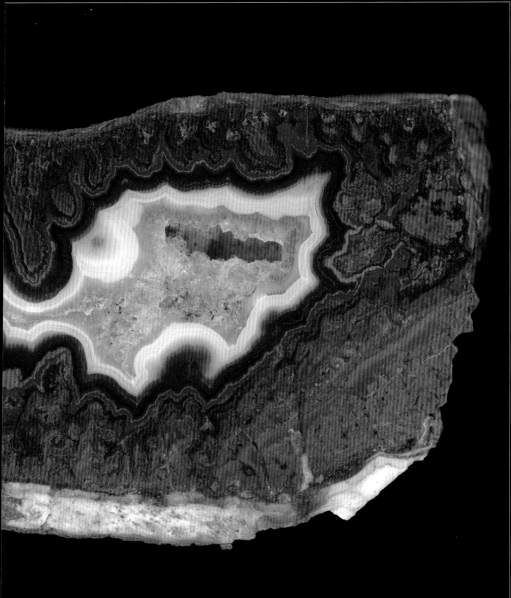

110. プルーム・アゲート（180×75mm）
Kerrouchen, Khénifra Province,
Meknés-Tafilalet Region, MOROCCO

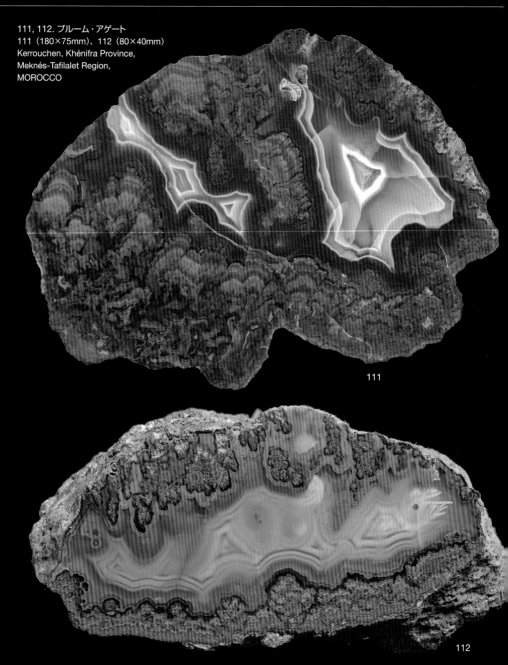

111, 112. プルーム・アゲート
111（180×75mm）、112（80×40mm）
Kerrouchen, Khénifra Province,
Meknés-Tafilalet Region,
MOROCCO

111

112

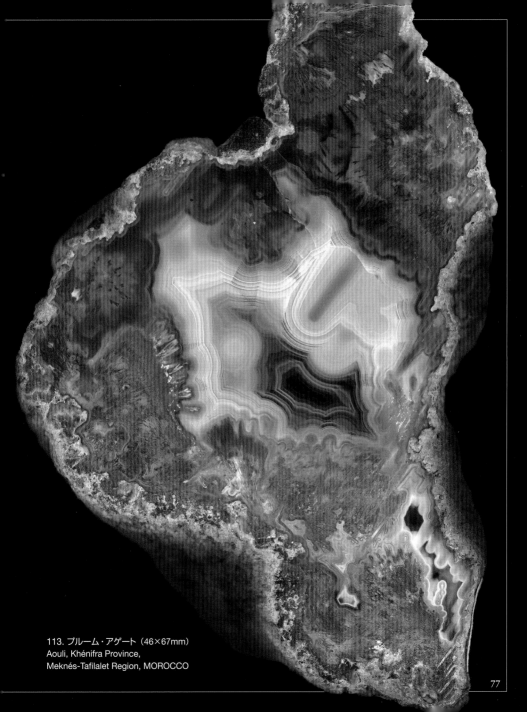

113. プルーム・アゲート（46×67mm）
Aouli, Khénifra Province,
Meknés-Tafilalet Region, MOROCCO

Europe ヨーロッパ

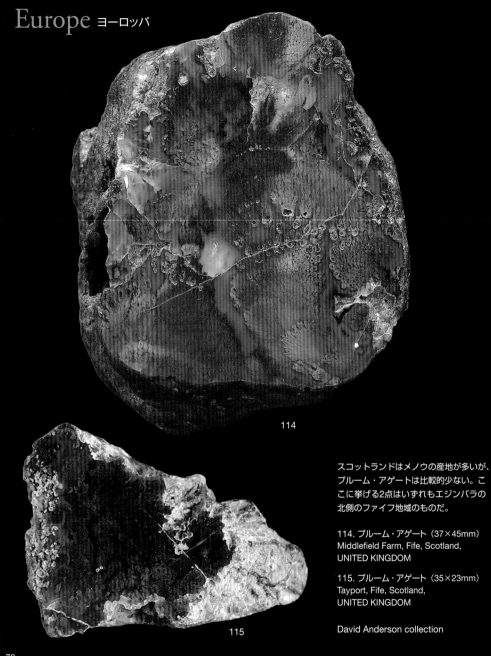

114

スコットランドはメノウの産地が多いが、
ブルーム・アゲートは比較的少ない。こ
こに挙げる2点はいずれもエジンバラの
北側のファイフ地域のものだ。

114. ブルーム・アゲート（37×45mm）
Middlefield Farm, Fife, Scotland,
UNITED KINGDOM

115. ブルーム・アゲート（35×23mm）
Tayport, Fife, Scotland,
UNITED KINGDOM

David Anderson collection

115

116. サンダーエッグ（60×36mm）
Hohenstein Ernstthal, Sachsen,
GERMANY

116

117. オルフェウス・アゲート
（65×33mm）
Orpheus Agate,
Rhodope Mountains,
Kurdjali region, BULGARIA

117

東部ドイツのザクセン地方は、サンダーエッグが多くとれる
ことで知られるが、ホーエンシュタイン・エルンストタール
産の一部には、モスやプルームなどのインクルージョンを含
むものがある。

ブルガリアのオルフェウス・アゲートは21世紀初頭に発見さ
れた、外殻部が緑色の美しいメノウだ。まれに小さなプルー
ムを含むものがある。オルフェウスの名は、産地のロドピ山
脈に古いオルフェウスの線刻画があることに由来する。

West & Central Asia
西・中央アジア

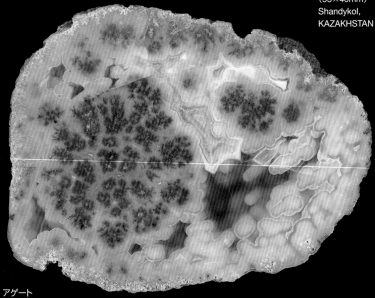

119. プルーム・アゲート
（93×48mm）
Cubuk Region,
North Ankara, TURKEY

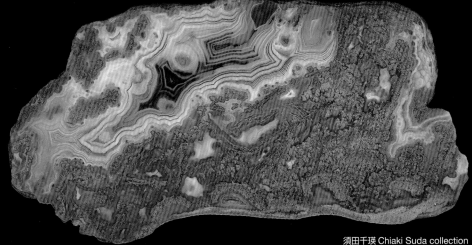

須田千瑛 Chiaki Suda collection

カザフスタンのメノウは風景画のように見えるモス・アゲートが有名だが、メノウの産地は多く、さまざまなタイプのものがとれる。118は細長く伸びたプルームの束の断面が見えるようにカットされている。

トルコのチュブクは北部アンカラ地方にある町で、このエリアからはさまざまな仮晶やインクルージョンのあるメノウが豊富にとれる。

イランのフェルドゥースは小さな町を囲む広大な不毛の火山地帯で、メノウ塊が散在している場所がいくつもある。灰色の色味の乏しい縞メノウがとれることが知られていたが、近年、赤、黄、緑の鮮やかなプルーム・アゲートが見つかっている。

120, 121. プルーム・アゲート
120（98×62mm）、121（82×28mm）
Se-Qaleh, Ferdows,
South Khorasan, IRAN

須田千瑛 Chiaki Suda collection

120

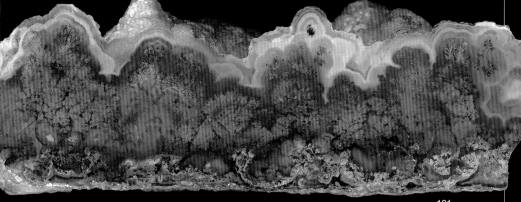

121

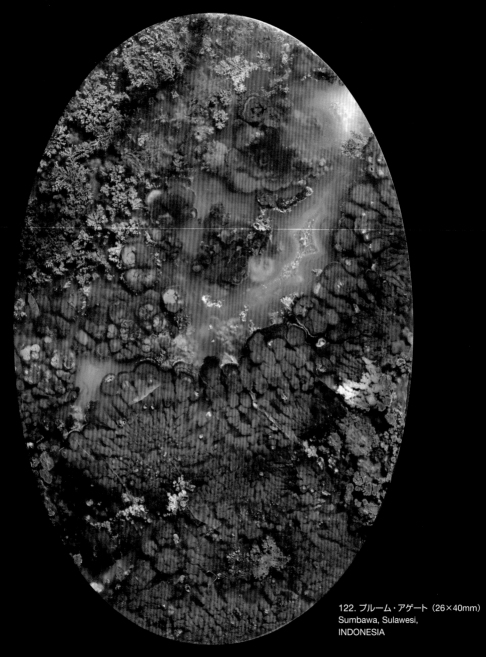

122. ブルーム・アゲート（26×40mm）
Sumbawa, Sulawesi,
INDONESIA

Indonesia インドネシア

インドネシアのジャワ島、スマトラ島、スラウェシ島は、21世紀に入って美しく色づいた珪化木、メノウ化したサンゴの化石、ジャスパー、モス・アゲートなど種々さまざまなメノウが次々に発見され、市場をにぎわせている。特に鮮やかな青いオパールや銅の結晶が入った珪化木は他に見られないものだが、ブルーム・アゲートもバリエーション豊かだ。

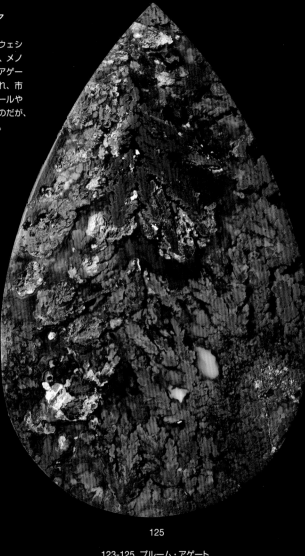

125

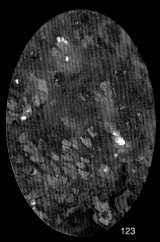

123

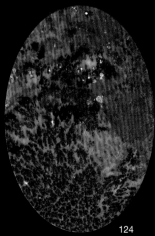

124

123-125. ブルーム・アゲート
123（13×19mm）、124（30×46mm）
125（30×48mm）
Trenggalek, East Java,
INDONESIA

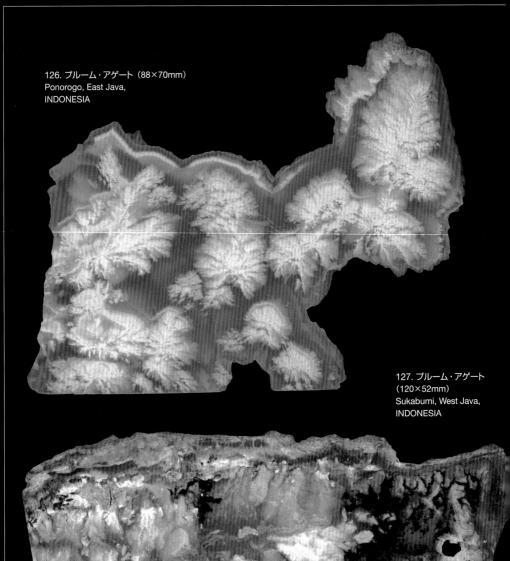

126. プルーム・アゲート（88×70mm）
Ponorogo, East Java,
INDONESIA

127. プルーム・アゲート
（120×52mm）
Sukabumi, West Java,
INDONESIA

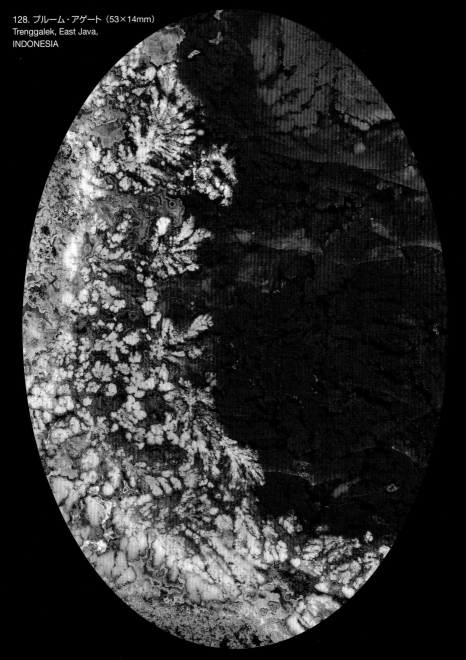

128. プルーム・アゲート（53×14mm）
Trenggalek, East Java,
INDONESIA

129. プルーム・アゲート
(30×45mm)
Baturaja, Sumatra,
INDONESIA

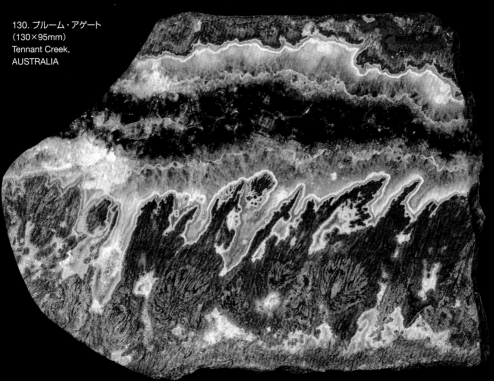

130. プルーム・アゲート
（130×95mm）
Tennant Creek,
AUSTRALIA

131. アゲート・クリーク・アゲート
（60×43mm）
Agate Creek,
Queensland,
AUSTRALIA

Pat McMahan collection

Jeffrey Anderson collection

Australia
オーストラリア

オーストラリアは石英系の石の産地が豊富だが、プルーム・アゲートはそれほど多くない。その中で、130はメノウ・水晶の中に細長いプルームの入った珍しいものだ。採取していた人の名バートからバータイトとも呼ばれ、これが間違ってバーダイドという名でも流通している。産地の情報は秘匿されていたので、本当にテナント・クリーク産なのか不確かだ。131はオーストラリアを代表するアゲート・クリークのメノウだが、プルームのインクルージョンがあるのはとても珍しい。

China 中国

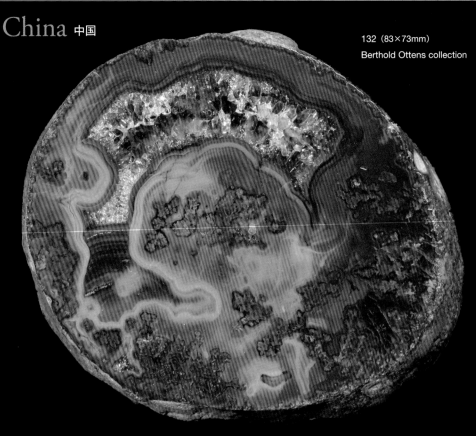

132 (83×73mm)
Berthold Ottens collection

132-136. ファイティング・ブラッド・アゲート（戦国紅）
中華人民共和国河北省張家口市宣化区
Fighting Blood Agate, Xuanhua,
Zhangjiakou, Hebei Province, CHINA

2013年、河北省張家口市産の非常に鮮やかなメノウ
が市場に現れ、たちまち世界の愛好家の関心を集め
た。ファイティング・ブラッド・アゲートと名づけ
られたが、これは中国名の「戦国紅」の英名で、産
地が戦国時代の戦場跡に近かったことに由来する。
小さめの団塊状の縞メノウだが、赤、黄、紫、青と、
さまざまに色づいたメノウは、メキシコのラグーナ・
アゲート、アルゼンチンのコンドル・アゲートなど
と並ぶ、最もカラフルなメノウとして認知されるよ
うになった。プルームを含むものも少なくない。

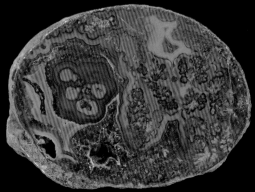

133 (64×47mm) Berthold Ottens collection

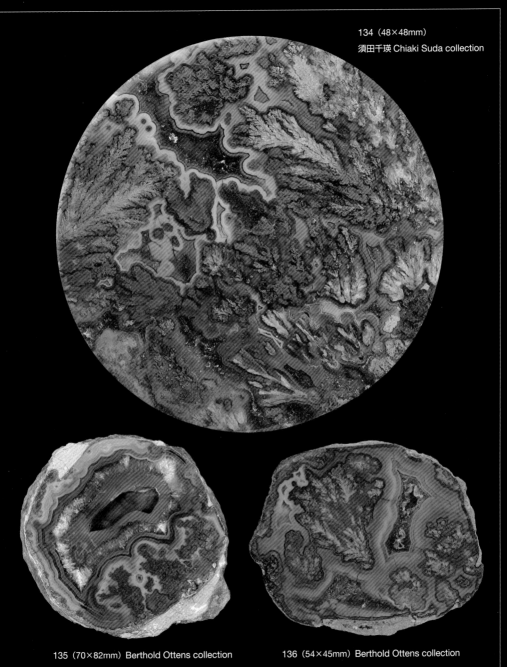

134（48×48mm）
須田千瑛 Chiaki Suda collection

135（70×82mm）Berthold Ottens collection

136（54×45mm）Berthold Ottens collection

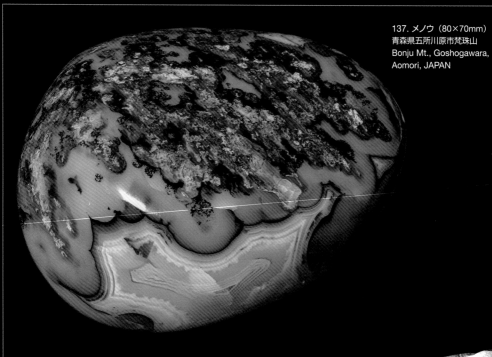

137. メノウ（80×70mm）
青森県五所川原市梵珠山
Bonju Mt., Goshogawara,
Aomori, JAPAN

Japan 日本

日本のブルーム・アゲートといえば、北海道瀬棚郡今金町の花石（旧名・珍古辺）のものが有名だ。花石のメノウは多くの採掘量を誇り、明治時代には輸出もされていた。赤く色づいたベースに白いブルームが入っている様子はまさに「花の石」と呼ぶにふさわしい姿だ。

青森県津軽地方も「錦石」の名で呼ばれるジャスパー、メノウが特産品だが、東津軽郡平内町では、花石のものとよく似たブルーム・アゲートがとれた。大きな脈状のもので、138のように中心部が仏頭状の結晶になっているものも多い。梵珠山の薄青のメノウも有名だが、まれにインクルージョンのあるものがある。137はブルームというより、モス・アゲートに分類すべきかもしれないが。

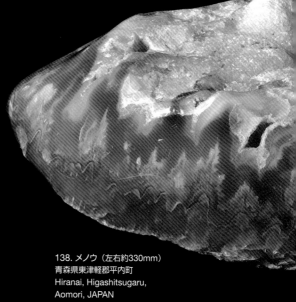

138. メノウ（左右約330mm）
青森県東津軽郡平内町
Hiranai, Higashitsugaru,
Aomori, JAPAN

139. メノウ（300×150mm）
北海道瀬棚郡今金町花石
Hanaishi, Imakane, Setana,
Hokkaido, JAPAN

坂本裕基 Hiromoto Sakamoto collection

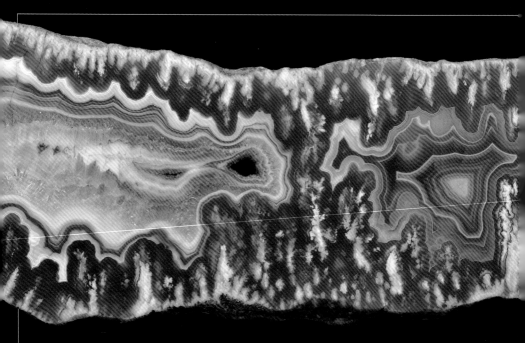

140. メノウ（210×95mm）
北海道瀬棚郡今金町花石
Hanaishi, Imakane, Setana,
Hokkaido, JAPAN

141. メノウ（205×90mm）
北海道瀬棚郡今金町花石
Hanaishi, Imakane, Setana,
Hokkaido, JAPAN

日本では伝統的にメノウは赤いものほど価値が
高いとされていたため、江戸時代から色の薄い
メノウを焼いて赤味をあげることが行われてき
た。鉄分を多く含む液に漬けて染めることも行
われており、140のプルーム・アゲートはそう
して赤味を上げたものに見える。前頁の139も
その可能性がある。日本でメノウの加工品とい
うと、若狭のものが有名だが、焼いて色をあげ
る技術は若狭の職人が開発したもので、花石の
メノウ産地も若狭のメノウ産業関係者が開拓し
たものだ。花石のメノウが枯渇すると、若狭で
はブラジル産の無色のメノウを輸入、着色して
使うようになった。

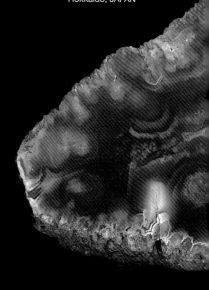

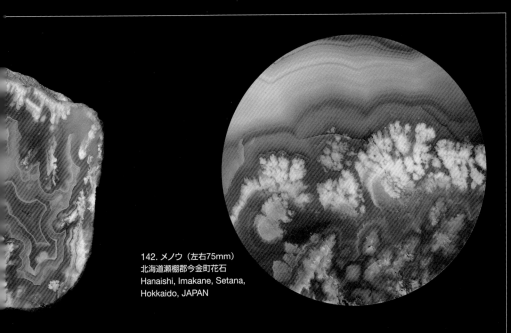

142. メノウ（左右75mm）
北海道瀬棚郡今金町花石
Hanaishi, Imakane, Setana,
Hokkaido, JAPAN

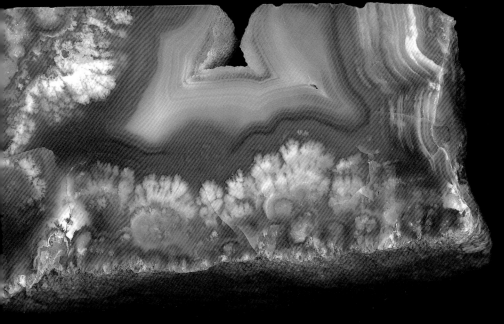

143. メノウ（150×52mm）
山形県東置賜郡川西町
Kawanishi, Higashiokitama,
Yamagata, JAPAN

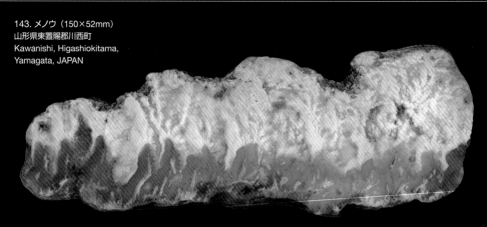

144. メノウ（150×110mm）
茨城県常陸大宮市北富田
Kitatomida, Hitachiomiya,
Ibaraki, JAPAN

プルーム状のインクルージョンの入ったメノウは花石や津軽にかぎったものではない。山形県川西町でとれるメノウにはチューブ状や黄鉄鉱のインクルージョンなどと並んで、こうしたプルーム状のものも見られる。茨城県の奥久慈は江戸時代から火打ち石用のメノウが採取されていたが、白いインクルージョンのあるものが多い。

謝　辞

Acknowledgments

本書の制作にあたっては、複数の愛好家の方々に協力していただきました。稀少な産地の名品といえるものを数多く掲載できたのは一重にこの方々のご厚意のおかげです。ここに記して感謝を表します。(掲載順)

Special thanks to the following people for the contribution of photographs of precious specimens. (order of appearance).

Philip Stephenson 氏　http://www.rarerocksandgems.com/

Pat McMahan 氏　http://agateswithinclusions.com/

須田千瑛氏

Jeffrey Anderson 氏　http://www.sailorenergy.net/Minerals/MineralMain.html

kijishiro 氏

Darwin Dillon 氏　https://www.flickr.com/photos/97769244@N00/

David Anderson 氏　https://www.agatesofscotland.co.uk/

Berthold Ottens 氏

坂本裕基氏

小田桐道広氏、西澤智美氏

また、プルーム・アゲートの生成に関する記述で助言をくださった、田中陵二氏に感謝申し上げます。

著者略歴

山田英春 （やまだ・ひではる）

1962年東京生まれ。国際基督教大学卒業。
出版社勤務を経て、現在書籍の装丁を専門にするデザイナー。
著書に『巨石──イギリス・アイルランドの古代を歩く』（早川書房、2006年）、『不思議で
美しい石の図鑑』（創元社、2012年）、『石の卵──たくさんのふしぎ傑作集』（福音館書店、
2014年）、『インサイド・ザ・ストーン』（創元社、2015年）、『四万年の絵』（『たくさんのふ
しぎ』2016年7月号、福音館書店）、『奇妙で美しい石の世界』（ちくま新書、2017年）、『風
景の石　パエジナ』（創元社、2019年）、編書に『美しいアンティーク鉱物画の本』（創元社、
2016年）、『美しいアンティーク生物画の本──クラゲ・ウニ・ヒトデ篇』（創元社、2017年）、
『奇岩の世界』（創元社、2018年）がある。
website: http://www.lithos-graphics.com/

ふしぎ　きれい　いし　ほん　はなたば　いし
不思議で奇麗な石の本 **花束の石 プルーム・アゲート**

2020年5月20日第1版第1刷　発行

著　者──山田英春
発行者──矢部敬一
発行所──株式会社創元社
　　　　　https://www.sogensha.co.jp/
　　　　　本社▶〒541-0047 大阪市中央区淡路町 4-3-6　Tel.06-6231-9010 Fax.06-6233-3111
　　　　　東京支店▶〒101-0051 東京都千代田区神田神保町 1-2　田辺ビル　Tel.03-6811-0662
ブックデザイン───山田英春
印刷所──図書印刷株式会社

©2020 Hideharu Yamada, Printed in Japan　ISBN978-4-422-44021-7　C0344
〈検印廃止〉落丁・乱丁のときはお取り替えいたします。

〈出版者著作権管理機構 委託出版物〉 **JCOPY**
本書の無断複製は著作権法上での例外を除き禁じられています。
複製される場合は、そのつど事前に、出版者著作権管理機構
（電話 03-5244-5088、FAX 03-5244-5089、e-mail: info@jcopy.or.jp）の許諾を得てください。

本書の感想をお寄せください
投稿フォームはこちらから ▶ ▶ ▶ ▶